21世纪高等学校实用软件工程教育规划教材

软件工程实习实训教程

李春青　主编

杨洋　杨锏　刘军利　丁刚
刘津　谢玉芯　任淑霞　编著

U0336672

清华大学出版社

北京

内 容 简 介

根据普通高校软件工程专业 3+1 模式培养计划,在前 3 学年以理论学习为主的培养过程中,从第一学年开始,结合专业技术基础课程进程,每学年安排 3~6 周的工程实习,培养工程意识,锻炼工程能力。本着基于而又超于所学课程内容、重在培养工程能力和企业精神的教学理念,结合近几年企业实训项目技术内容和实训教学需求,由企业和学校联合编写了本书。

本书突出服务外包特色,主题内容包含项目分析、HTML 基础、Web 页面开发和 Java B/S 开发技巧 4 个部分,涵盖了软件设计方向实训的主要技术。

本书可作为高等院校、高职、高专软件工程相关 IT 技术专业项目实训教材或参考书,亦可供工程技术人员参考。

图书在版编目(CIP)数据

软件工程实习实训教程/李春青主编. --北京:清华大学出版社,2013
21 世纪高等学校实用软件工程教育规划教材
ISBN 978-7-302-32271-9

Ⅰ. ①软… Ⅱ. ①李… Ⅲ. ①软件工程-高等学校-教材 Ⅳ. ①TP311.5

中国版本图书馆 CIP 数据核字(2013)第 091851 号

责任编辑:高买花 李 晔
封面设计:何凤霞
责任校对:时翠兰
责任印制:刘海龙

出版发行:清华大学出版社
    网 址:http://www.tup.com.cn,http://www.wqbook.com
    地 址:北京清华大学学研大厦 A 座   邮 编:100084
    社 总 机:010-62770175   邮 购:010-62786544
    投稿与读者服务:010-62776969,c-service@tup.tsinghua.edu.cn
    质 量 反 馈:010-62772015,zhiliang@tup.tsinghua.edu.cn
    课 件 下 载:http://www.tup.com.cn,010-62795954
印 装 者:清华大学印刷厂
经 销:全国新华书店
开 本:185mm×260mm   印 张:16   字 数:388 千字
版 次:2013 年 8 月第 1 版   印 次:2013 年 8 月第 1 次印刷
印 数:1~2000
定 价:32.00 元

产品编号:051039-01

教材编委会

顾　　问　　蒋秀明　张卫国　刘　璟　孙济洲　李兰友

主任委员　　万振凯

副主任委员

天津市大学软件学院	刘军利
天津科技大学	熊聪聪
天津师范大学	马希荣
天津商业大学	潘旭华
天津城建学院	胡建平
天津农学院	李乃祥
天津工业大学	徐国伟
天津市南开创元信息技术有限公司	李春兰
安博-长城(天津)软件培训基地	王肖峰
天津普迅电力信息技术公司	韩双立
天津市天地伟业信息技术公司	孙贞文
天津市软件协会	郭红旗

工程项目实习是软件工程专业必修课程之一。 根据天津市普通高校软件工程专业 3＋1模式培养计划，在前3年以理论学习为主的培养过程中，结合专业技术课程，每学年安排3～6周的工程实习，按企业规范由企业组织实施，培养工程意识，锻炼工程能力。本着基于而又超于所学课程内容、重在培养工程能力和企业精神的教学理念，在第一学年安排基于 Web 应用程序设计的项目进行工程实训； 第二学年安排基于 Java Web 应用、代码设计较多的项目； 第三学年结合数据库课程及软件工程专业课程的知识，安排 Web 应用设计的项目进行工程实训，3个实习前后互相衔接，形成一个代码设计由简到繁、项目任务由小到大，使得学生能循序渐进地掌握软件设计规范，体验企业工作氛围，养育初级工程意识的工程实践教学体系。 在这一过程中，学生对企业的素质需求亦逐渐明确，自觉适应及自主学习意识不断提高，为第四学年的企业技术培训、综合项目实践及企业岗位实习打好基础。 为达此目的，结合各阶段的工程实习项目的技术要求，我们编写了此书，供学生在实习中参考。

本书由天津工业大学李春青主编，李兰友教授主审。 参加本书编写的有天津市南开创元信息技术有限公司杨洋、杨锏，天津市大学软件学院刘军利和刘津、天津广播电视大学丁刚，天津工业大学任淑霞、谢玉芯。 他们有从 2006 年开始指导学生进行软件工程项目实习的经验，参考材料的程序代码都是从工程实习项目中提炼出来的。

本辅导教材适合学生前 3 个学年的工程实习参考。 相关企业可根据此参考内容选定实训项目，进行初级、中级软件设计工程能力实训。

编　者

2013 年 2 月

目录

CONTENTS

CONTENTS

CONTENTS

第1章 项目分析

1.1 项目需求分析

从广义上理解，需求分析包括需求的获取、分析、规格说明、变更、验证、管理的一系列需求工程。

从狭义上理解，需求分析是指需求的分析、定义过程。

1.1.1 需求分析的意义

需求分析就是分析软件用户的需求是什么。如果投入大量的人力、物力、财力、时间，开发出的软件却没人使用，那所有的投入都是徒劳。如果费了很大的精力开发一个软件，最后却不满足用户的要求，要重新开发，这种返工是让人痛心疾首的。

需求分析之所以重要，就因为它具有决策性、方向性、策略性，它在软件开发的过程中具有举足轻重的地位。一定要对需求分析具有足够的重视，在一个大型软件系统的开发中，需求分析的作用要远远大于程序设计。

1.1.2 需求分析的任务

简言之，需求分析的任务就是解决"做什么"的问题，就是要全面理解用户的各项要求，并准确表达所接收的用户需求。

1.1.3 需求分析的过程

需求分析阶段的工作，可以分为4方面：问题识别、分析与综合、制订规格说明和评审。

1. 问题识别

从系统角度来理解软件，确定对所开发系统的综合要求，并提出这些需求的实现条件，以及需求应该达到的标准。这些需求包括功能需求（做什么）、性能需求（要达到什么指标）、环境需求（如机型、操作系统等）、可靠性需求（不发生故障的概率）、安全保密需求、用户界面需求、资源使用需求（软件运行是所需的内存、CPU 等）和软件成本消耗与开发进度需求，预先估计以后系统可能达到的目标。

2. 分析与综合

逐步细化所有的软件功能，找出系统各元素间的联系，接口特性和设计上的限制，分析它们是否满足需求，剔除不合理部分，增加所需要的部分。最后，综合成系统的解决方案，给出要开发的系统的详细逻辑模型（做什么的模型）。

3. 制订规格说明书

即编制文档，描述需求的文档称为软件需求规格说明书。请注意，需求分析阶段的成果是需求规格说明书，向下一阶段提交。

4. 评审

评审是对功能的正确性、完整性和清晰性，以及其他需求给予评价。评审通过后才可进行下一阶段的工作，否则重新进行需求分析。

1.1.4 需求分析的方法

需求分析的方法有很多，这里只强调原型化方法，其他的方法如结构化方法、动态分析法等在此不讨论。

原型化方法是十分重要的。原型就是软件的一个早期可运行的版本，它实现了目标系统的某些或全部功能。

原型化方法就是尽可能快地建造一个粗糙的系统，这个系统实现了目标系统的某些或全部功能，但是这个系统可能在可靠性，界面的友好性或其他方面上存在缺陷。建造这样一个系统的目的是为了考察某一方面的可行性，如算法的可行性、技术的可行性，或考察是否满足用户的需求等。如为了考察是否满足用户的要求，可以用某些软件工具快速的建造一个原型系统，这个系统只是一个界面，然后听取用户的意见，改进这个原型。以后的目标系统就在原型系统的基础上开发。

原型主要有 3 种类型：探索型、实验型和进化型。探索型的目的是要弄清楚对目标系统的要求，确定所希望的特性，并探讨多种方案的可行性。实验型用于大规模开发和实现前，考核方案是否合适，规格说明是否可靠。进化型的目的不在于改进规格说明，而是将系统建造得易于变化，在改进原型的过程中，逐步将原型进化成最终系统。

在使用原型化方法是有两种不同的策略：废弃策略和追加策略。废弃策略是先建造一个功能简单而且质量要求不高的模型系统,针对这个系统反复进行修改,形成比较好的思路,据此设计出较完整、准确、一致,可靠的最终系统。系统构造完成后,原来的模型系统就被废弃不用。探索型和实验型属于这种策略。追加策略是先构造一个功能简单而且质量要求不高的模型系统,作为最终系统的核心,然后通过不断地扩充修改,逐步追加新要求,发展成为最终系统。进化型属于这种策略。

1.1.5 需求分析的 20 条法则

客户与开发人员交流需要好的方法。下面建议 20 条法则,客户和开发人员可以通过评审以下内容并达成共识。如果遇到分歧,可通过协商达成对各自义务的相互理解,以便减少今后的分歧(如一方要求而另一方不愿意或不能够满足要求)。

1. 分析人员要使用符合客户语言习惯的表达

需求讨论集中于业务需求和任务,因此要使用术语。客户应将有关术语(例如,采价、印花商品等采购术语)教给分析人员,而客户不一定要懂得计算机行业的术语。

2. 分析人员要了解客户的业务及目标

只有分析人员更好地了解客户的业务,才能使产品更好地满足需要。这将有助于开发人员设计出真正满足客户需要并达到期望的优秀软件。为帮助开发和分析人员,客户可以考虑邀请他们观看自己的工作流程。如果是切换新系统,那么开发和分析人员应使用一下目前的旧系统,有利于他们明白目前的系统是怎样工作的,其流程情况以及有哪些可供改进之处。

3. 分析人员必须编写软件需求报告

分析人员应将从客户那里获得的所有信息进行整理,以区分业务需求及规范、功能需求、质量目标、解决方法和其他信息。通过这些分析,客户就能得到一份"需求分析报告",此份报告使开发人员和客户之间针对要开发的产品内容达成协议。报告应以一种客户认为易于阅读和理解的方式组织编写。客户要评审此报告,以确保报告内容准确完整地表达其需求。一份高质量的"需求分析报告"有助于开发人员开发出真正需要的产品。

4. 要求得到需求工作结果的解释说明

分析人员可能采用了多种图表作为文字性"需求分析报告"的补充说明,因为工作图表能很清晰地描述出系统行为的某些方面,所以报告中的各种图表有着极高的价值;虽然它们不太难于理解,但是客户可能对此并不熟悉,因此客户可以要求分析人员解释说明每个图表的作用、符号的意义和需求开发工作的结果,以及怎样检查图表有无错误及不一致等。

5. 开发人员要尊重客户的意见

如果用户与开发人员之间不能相互理解,那关于需求的讨论将会有障碍。共同合作能使大家"兼听则明"。参与需求开发过程的客户有权要求开发人员尊重并珍惜他们为项目成功所付出的时间,同样,客户也应对开发人员为项目成功这一共同目标所做出的努力表示尊重。

6. 开发人员要对需求及产品实施提出建议和解决方案

通常客户所说的"需求"已经是一种实际可行的实施方案,分析人员应尽力从这些解决方法中了解真正的业务需求,同时还应找出已有系统与当前业务不符之处,以确保产品不会无效或低效;在彻底弄清业务领域内的事情后,分析人员就能提出相当好的改进方法,有经验且有创造力的分析人员还能提出增加一些用户没有发现的很有价值的系统特性。

7. 描述产品使用特性

客户可以要求分析人员在实现功能需求的同时还注意软件的易用性,因为这些易用特性或质量属性能使客户更准确、更高效地完成任务。例如,客户有时要求产品要"界面友好"或"健壮"或"高效率",但对于开发人员来讲,太主观了并无实用价值。正确的做法是:分析人员通过询问和调查了解客户所要的友好、健壮、高效所包含的具体特性,具体分析哪些特性对哪些特性有负面影响,在性能代价和所提出解决方案的预期利益之间做出权衡,以确保做出合理的取舍。

8. 允许重用已有的软件组件

需求通常有一定灵活性,分析人员可能发现已有的某个软件组件与客户描述的需求很相符,在这种情况下,分析人员应提供一些修改需求的选择以便开发人员能够降低新系统的开发成本和节省时间,而不必严格按原有的需求说明开发。所以说,如果想在产品中使用一些已有的商业常用组件,而它们并不完全适合所需的特性,这时一定程度上的需求灵活性就显得极为重要了。

9. 要求对变更的代价提供真实可靠的评估

有时,人们在面对更好、也更昂贵的方案时,会做出不同的选择。而这时,对需求变更的影响进行评估从而对业务决策提供帮助,是十分必要的。所以,客户有权利要求开发人员通过分析给出一个真实可信的评估,包括影响、成本和得失等。开发人员不能由于不想实施变更而随意夸大评估成本。

10. 获得满足客户功能和质量要求的系统

每个人都希望项目成功,但这不仅要求客户要清晰地告知开发人员关于系统"做什么"所需的所有信息,而且还要求开发人员能通过交流了解清楚取舍与限制,一定要明确说明自己的假设和潜在的期望,否则,开发人员开发出的产品很可能无法满足要求。

11. 给分析人员讲解业务

分析人员要依靠客户讲解业务概念及术语,但客户不能指望分析人员会成为该领域的专家,而只能让他们明白客户的问题和目标;不要期望分析人员能把握客户业务的细微潜在之处,他们可能不知道那些对于客户来说理所当然的"常识"。

12. 抽出时间清楚地说明并完善需求

客户很忙,但无论如何客户有必要抽出时间参与"头脑高峰会议"的讨论,接受采访或其他获取需求的活动。有些分析人员可能先表示明白了客户的观点,而过后发现还需要客户的讲解,这时请耐心对待一些需求和需求的精化工作过程中的反复,因为它是人们交流中很自然的现象,何况这对软件产品的成功极为重要。

13. 准确而详细的说明需求

编写一份清晰、准确的需求文档是很困难的。处理细节问题不但烦琐而且耗时,因此很容易留下模糊不清的需求。但是在开发过程中,必须解决这种模糊性和不准确性,而客户恰恰是为解决这些问题做出决定的最佳人选。

在需求分析中暂时加上"待定"标志是个方法。用该标志可指明哪些是需要进一步讨论、分析或增加信息的地方,有时也可能因为某个特殊需求难以解决或没有人愿意处理它而标注上"待定"。客户要尽量将每项需求的内容都阐述清楚,以便分析人员能准确地将它们写进"软件需求报告"中去。如果客户一时不能准确表达,通常就要求采用原型技术,通过原型开发,客户可以同开发人员一起反复修改,不断完善需求定义。

14. 及时做出决定

分析人员会要求客户做出一些选择和决定,这些决定包括来自多个用户提出的处理方法或在质量特性冲突和信息准确度中选择折中方案等。有权做出决定的客户必须积极地对待这一切,尽快做处理,做决定,因为开发人员通常只有等客户做出决定才能行动,而这种等待会延误项目的进展。

15. 尊重开发人员的需求可行性及成本评估

所有的软件功能都有其成本。客户所希望的某些产品特性可能在技术上行不通,或者实现它要付出极高的代价,而某些需求试图达到在操作环境中不可能达到的性能,或试图得到一些根本得不到的数据。开发人员会对此做出负面的评价,客户应该尊重他们的意见。

16. 划分需求的优先级

绝大多数项目没有足够的时间或资源实现功能性的每个细节。决定哪些特性是必要的,哪些是重要的,是需求开发的主要部分,这只能由客户负责设定需求优先级,因为开发者不可能按照客户的观点决定需求优先级;开发人员将为客户确定优先级提供有关每个需求的花费和风险的信息。在时间和资源限制下,关于所需特性能否完成或完成多少应尊重开发人员的意见。尽管没人愿意看到自己所希望的需求在项目中未被实现,但毕竟是要面对现实,业务决策有时不得不依据优先级来缩小项目范围或延长工期,或增加资源,或在质量上寻找折中。

17. 评审需求文档和原型

客户评审需求文档是给分析人员带来反馈信息的一个机会。如果客户认为编写的"需求分析报告"不够准确,就有必要尽早告知分析人员并为改进提供建议。更好的办法是先为产品开发一个原型。这样客户就能提供更有价值的反馈信息给开发人员,使他们更好地理解客户的需求;原型并非是一个实际应用产品,但开发人员能将其转化、扩充成功能齐全的系统。

18. 需求变更要立即联系

不断的需求变更,会给在预定计划内完成的质量产品带来严重的不利影响。变更是不可避免的,但在开发周期中,变更越在晚期出现,其影响越大;变更不仅会导致代价极高的返工,而且工期将被延误,特别是在大体结构已完成后又需要增加新特性时。所以,一旦客户发现需要变更需求时,请立即通知分析人员。

19. 遵照开发小组处理需求变更的过程

将变更带来的负面影响减少到最低限度,所有参与者必须遵照项目变更控制过程。这要求不放弃所有提出的变更,对每项要求的变更进行分析、综合考虑,最后做出合适的决策,以确定应将哪些变更引入项目中。

20. 尊重开发人员采用的需求分析过程

软件开发中最具挑战性的莫过于收集需求并确定其正确性,分析人员采用的方法有其合理性。也许客户认为收集需求的过程不太划算,但请相信用在需求开发上的时间是非常有价值的;如果客户能够理解并支持分析人员为收集、编写需求文档和确保其质量所采用的技术,那么整个过程将会更为顺利。

1.1.6 "需求确认"的意义

在"需求分析报告"上签字确认,通常被认为是客户同意需求分析的标志性行为,然而实际操作中,客户往往把"签字"看作是毫无意义的事情。"他们要我在需求文档的最后一行下面签名,于是我就签了,否则这些开发人员不开始编码。"这种态度将带来麻烦,譬如客户想更改需求或对产品不满时就会说:"不错,我是在需求分析报告上签了字,但我并没有时间去读完所有的内容,我是相信你们的,是你们非让我签字的。"

同样问题也会发生在仅把"签字确认"看作是完成任务的分析人员身上,一旦有需求变更出现,他便指着"需求分析报告"说:"您已经在需求上签字了,所以这些就是我们所开发的,如果您想要别的什么,您应早些告诉我们。"

这两种态度都是不对的。因为不可能在项目的早期就了解所有的需求,而且毫无疑问地需求将会出现变更,在"需求分析报告"上签字确认是终止需求分析过程的正确方法,所以我们必须明白签字意味着什么。

对"需求分析报告"的签名是建立在一个需求协议的基线上,因此我们对签名应该这样理解:"我同意这份需求文档表述了我们对项目软件需求的了解,进一步的变更可在此基线上通过项目定义的变更过程来进行。我知道变更可能会使我们重新协商成本、资源和项目阶段任务等事宜。"对需求分析达成一定的共识会使双方易于忍受将来的摩擦,这些摩擦来源于项目的改进和需求的误差或市场和业务的新要求等。需求确认将迷雾拨散,显现需求的真面目,给初步的需求开发工作画上了双方都明确的句号,并有助于形成一个持续良好的客户与开发人员的关系,为项目的成功奠定了坚实的基础。

1.1.7　需求分析的误区

要想说什么是好的需求分析,不如说什么是不好的需求分析,知道什么是不好的,自然也就知道了什么是好的。以下就是一些不好的情况:

1. 创意和求实

毋庸置疑,每个人都会为自己的一个新想法而激动万分,特别是当这个想法受到一些根本不知道你原本要干什么的人的惊叹时。但是请注意,当你激动得意的时候,你可能已经忘了你原本是在描述一个需求,而不是在策划一个创意、创造一个概念。很多刚开始做需求分析的人员都或多或少的会犯这样的错误,陶醉在自己的新想法和新思路中,却违背了需求的原始客观性和真实性原则。

永远别忘了:需求不是空中楼阁,是实实在在的一砖一瓦。

2. 解剖的快感

几乎所有做软件的人,做需求分析的时候,一开始就会把用户告诉你的要求,完完整整的作个解剖,切开分成几个块,再细分成几个子块,然后再条分缕析。可是当用户迷惑地看着你辛辛苦苦做出来的分析结果问你:我想作一个数据备份的任务,怎么做? 这时,你会发现,需要先后打开三个窗口才能完成这个任务。

永远别忘了:分解是必需的,但最终的目的是为了更好地组合,而不是为了分解。

3. 角度和思维

经常听到这样的抱怨:"用户怎么可以提出这样苛刻的要求呢?"。细细一了解,你会发现,用户只不过是要求把一个需要两次点击的功能,改成只有一次点击。这样会导致需要改变需求、改变编码,甚至重新测试,增加工作量。可是,如果换个角度来想想,这个功能,开发的时候只用了几次几十次,可是用户每天都要用几百次甚至几千次几万次,改动一下就减少了一半的工作量,对他来说,这样的需求难道会苛刻吗?

永远别忘了:没有任何需求是不对的,不对的只是你的需求分析。试着站在用户的思维角度想想,你的需求分析就会更加贴近用户、更加合理。软件应该是以人为本的。

4. 程序员逻辑

从程序员成长为系统分析员是一个普遍的轨迹,但并不是一个好的程序员就必然能成为一个好的系统分析员。一些程序员的固化逻辑,使得他们在做需求分析的时候往往钻进了一些牛角里面。比如说 1/0 逻辑(或者是说黑白逻辑),认为不是这样就是那样,没有第三种情况。可实际情况往往是,在一定的时候是这样,其他时候是那样。又比如穷举逻辑,喜欢上来就把所有可能的情况列举出来,然后一个一个分别处理,每个占用 1/3 的时间;可是实际的情况往往是,1/3 的情况占了 99% 的比例,其他两种情况一年都不会遇到一次。实际中还有很多这样的例子,不一一列举了。

永远别忘了:需求分析和程序设计不尽相同,合理、可行是才是重要的。跳出程序设计的圈子,站在系统的角度上来看问题,你的结论会截然不同。

1.2 数据库设计

1.2.1 MySQL 数据库介绍

1. MySQL 概述

MySQL 是一个小型关系型数据库管理系统,开发者为瑞典 MySQL AB 公司。目前 MySQL 被广泛地应用在 Internet 上的中小型网站中。由于其体积小、速度快、总体拥有成本低,尤其是开放源码这一特点,许多中小型网站为了降低网站总体拥有成本而选择了 MySQL 作为网站数据库。

2. MySQL 的特性

(1) 使用 C 和 C++编写,并使用了多种编译器进行测试,保证源代码的可移植性。

(2) 支持 AIX、FreeBSD、HP-UX、Linux、Mac OS、Novell Netware、OpenBSD、OS/2 Wrap、Solaris、Windows 等多种操作系统。

(3) 为多种编程语言提供了 API,这些编程语言包括 C、C++、Eiffel、Java、Perl、PHP、Python、Ruby 和 Tcl 等。

(4) 支持多线程,充分利用 CPU 资源。

(5) 优化的 SQL 查询算法,有效地提高查询速度。

(6) 既能够作为一个单独的应用程序应用在客户端服务器网络环境中,也能够作为一个库而嵌入其他的软件中提供多语言支持,常见的编码如中文的 GB2312、BIG5,日文的

Shift_JIS 等都可以用作数据表名和数据列名。

（7）提供 TCP/IP、ODBC 和 JDBC 等多种数据库连接途径。

（8）提供用于管理、检查、优化数据库操作的管理工具。

（9）可以处理拥有上千万条记录的大型数据库。

3．MySQL 的应用

与其他的大型数据库例如 Oracle、DB2、SQL Server 等相比，MySQL 自有它的不足之处，如规模小、功能有限等，但是这丝毫也没有减少它受欢迎的程度。对于一般的个人使用者和中小型企业，MySQL 提供的功能已经绰绰有余，而且由于 MySQL 是开放源码软件，因此可以大大降低总体拥有成本。

目前 Internet 上流行的网站构架方式是 LAMP（Linux＋Apache＋MySQL＋PHP），即使用 Linux 作为操作系统，Apache 作为 Web 服务器，MySQL 作为数据库，PHP 作为服务器端脚本解释器。由于这 4 个软件都是遵循 GPL 的开放源码软件，因此使用这种方式不用花一分钱就可以建立起一个稳定、免费的网站系统。

4．常用 MySQL 存储引擎

（1）MyISAM——MySQL 的默认数据库，最为常用。拥有较高的插入、查询速度，但不支持事务。

（2）InnoDB——事务型数据库的首选引擎，支持 ACID 事务，支持行级锁定。

（3）Memory——所有数据置于内存的存储引擎，拥有极高的插入，更新和查询效率。但是会占用和数据量成正比的内存空间，并且其内容会在 MySQL 重新启动时丢失。

（4）Archive——非常适合存储大量的独立的，作为历史记录的数据。因为它们不经常被读取，Archive 拥有高效的插入速度，但其对查询的支持相对较差。

（5）Cluster/NDB——高冗余的存储引擎，用多台数据机器联合提供服务以提高整体性能和安全性，适合数据量大，安全和性能要求高的应用。

（6）CSV——逻辑上由逗号分割数据的存储引擎。

5．MySQL 最常见的应用架构

（1）单点（Single），适合小规模应用。

（2）复制（Replication），适合中小规模应用。

（3）集群（Cluster），适合大规模应用。

6．MySQL 的发展

MySQL 现已被 SUN 公司收购，但其开源的思想及实质未变，MySQL 6.0 的 alpha 版于 2007 年初发布，新版增加了对 falcon 存储引擎的支持。Falcon 是 MySQL 社区自主开发的引擎，支持 ACID 特性事务，支持行锁，拥有高性能的并发性。MySQL AB 公司想用 Falcon 替代已经非常流行的 InnoDB 引擎，因为拥有后者技术的 InnoBase 已经被竞争对手 Oracle 所收购。

1.2.2 MySQL 的安装方法

（1）双击 MySQL 安装文件开始安装，如图 1-1 所示。

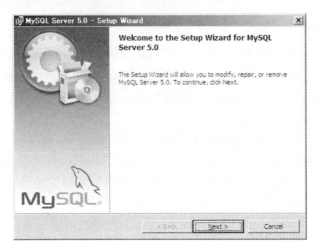

图 1-1　MySQL 安装界面 1

（2）单击 Next 按钮后开始进行安装配置选择，选择 Typical 单选按钮后单击 Next 按钮继续安装，如图 1-2 所示。

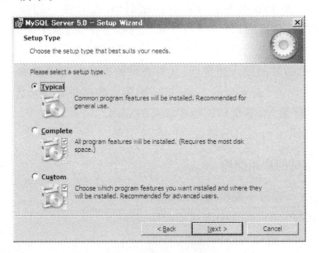

图 1-2　MySQL 安装界面 2

（3）进入安装确认页面，并单击 Install 按钮开始复制文件，如图 1-3 所示。

（4）文件复制完毕后进入安装后的数据库初始化配置步骤，第一步骤选择 Skip Sign-Up 单选按钮，跳过在线用户注册步骤，如图 1-4 所示。

（5）进入数据库初始环境配置，保证 Configure the MySQL Server now 复选框为选中状态，单击 Finish 按钮，如图 1-5 所示。

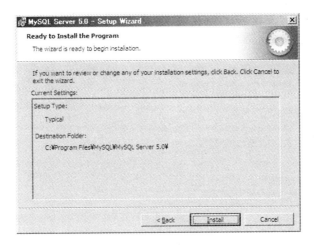

图 1-3 MySQL 安装界面 3

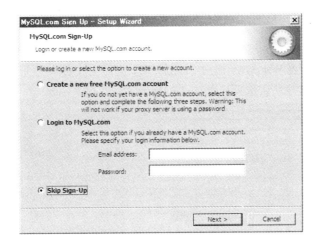

图 1-4 MySQL 安装界面 4

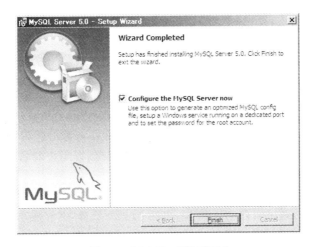

图 1-5 MySQL 安装界面 5

（6）进入初始配置欢迎界面，继续单击 Next 按钮将进入参数配置阶段。选择配置模式为 Standard Configuration，如图 1-6 所示。

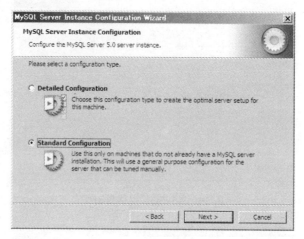

图 1-6　MySQL 安装界面 6

（7）配置"默认安装 Windows 服务"，并将 MySQL 主文件夹地址加入环境变量（该项可随意配置，一般为选择默认选项），如图 1-7 所示。

图 1-7　MySQL 安装界面 7

（8）配置 root 管理员账号，设定并确认账号密码，保证 Enable root access from remote machines 复选框为选中状态，以便其他客户端可以使用 root 账号远程访问该机上的数据库系统，并且不选中 Create An Anonymous Account 复选框，以阻止匿名账号访问该数据库系统，如图 1-8 所示。

（9）进入数据库服务启动页面单击 Execute 按钮启动数据库服务，如图 1-9 所示。

（10）单击执行后，系统会自动启动 MySQL 数据库服务，并在成功后给出提示。

下面继续进行数据库辅助工具的安装。

（11）双击工具安装包 mysql-gui-tools-5.0-r13-win32.msi（或类似可执行程序）开始安装，如图 1-10 所示。

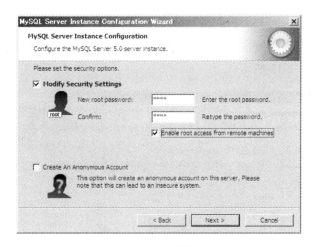

图 1-8 MySQL 安装界面 8

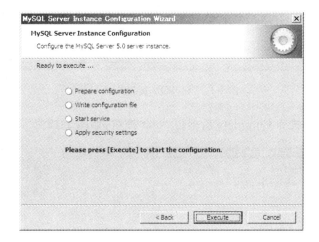

图 1-9 MySQL 安装界面 9

图 1-10 MySQL 安装界面 10

（12）单击 Next 按钮后进入版权信息页面，选择 I Accept the terms in the license agreement 单选按钮后，单击 Next 按钮。选择安装目录，目录选好后单击 Next 按钮进入安装模式选择界面，如图 1-11 所示。

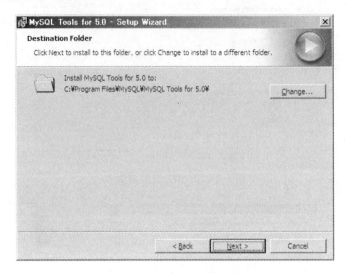

图 1-11　MySQL 安装界面 11

（13）选择安装模式为 Complete 后单击 Next 按钮，如图 1-12 所示。

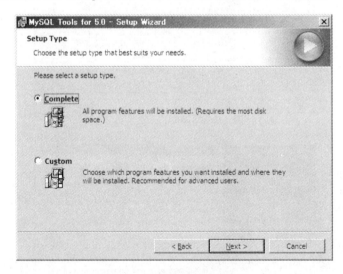

图 1-12　MySQL 安装界面 12

（14）确认安装配置进入安装步骤，跳过几个安装广告页面，进入安装结束页面，单击 Finish 按钮结束安装，如图 1-13 所示。

（15）成功安装后将选择"开始"→"程序"→MySQL 命令，建立管理工具的快捷方式，如图 1-14 所示。

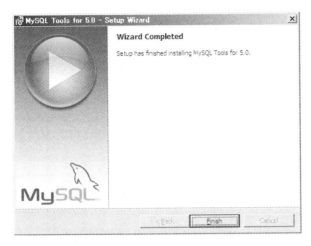

图 1-13 MySQL 安装界面 13

图 1-14 MySQL 安装界面 14

1.2.3 配置方法

使用 MySQL Administrator 进行数据库的配置,进入管理工具界面,如图 1-15 所示。

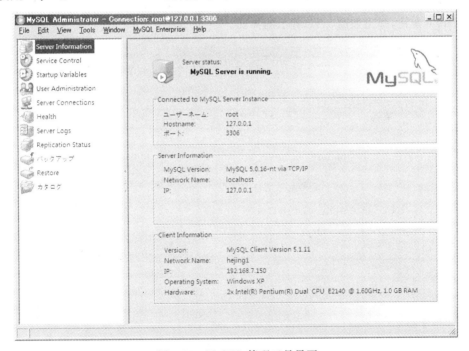

图 1-15 MySQL 管理工具界面

(1) 建立数据库 HibernateGame:在如图 1-16 所示的界面的左下角无框区域右击,从弹出的快捷菜单中选择 Create Scherma 命令,在弹出的对话框的文本输入框内输入 HibernateGame 并确认。

图 1-16　建立数据库

（2）建立数据表：选中数据库 Hibernate Game，单击如图 1-16 所示界面右侧下部的 Create Table 按钮，弹出如图 1-17 所示的界面。

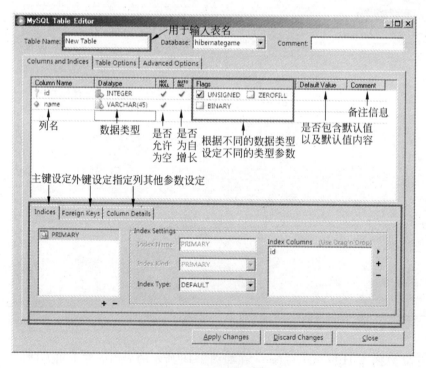

图 1-17　建立数据表

1.2.4　数据库的备份与还原

1. 数据备份

（1）进入 MySQL Administrator 管理界面后在左侧列表中选择 backup 选项，进入数据备份界面，如图 1-18 所示。

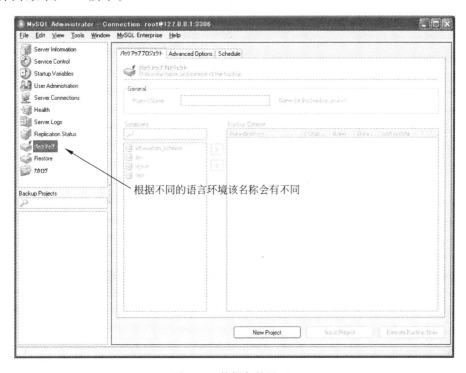

图 1-18　数据备份界面 1

（2）在右侧的界面中单击 New Project 按钮创建新的工程，如图 1-19 所示。

（3）在 Project Name 文本框中输入工程的名字，并在下面的列表中选中所要备份的数据库名称，如图 1-20 所示。

（4）选中所要备份的数据库后单击 [>] 按钮将数据库加载到 Backup Content 列表中，添加完毕后，单击 Save Project 按钮保存该备份项目，如图 1-21 所示。

（5）最后，单击 Execute BackUp Now 按钮选择数据库备份文件所要保存的路径，如图 1-22所示。

（6）选择好路径后单击保存系统将自动执行备份工作，备份结果为一个扩展名为.sql 的文本文件，MySql 的备份机制是通过生成数据库相关的数据库建立语句及数据插入语句来实现的，因此，该备份文件可在备份后进行编辑，在不影响格式的情况下可对该文档自行进行编辑，以便在恢复的时候修改备份的数据。

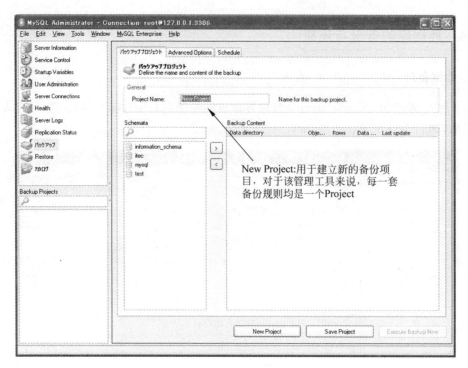

图 1-19　数据备份界面 2

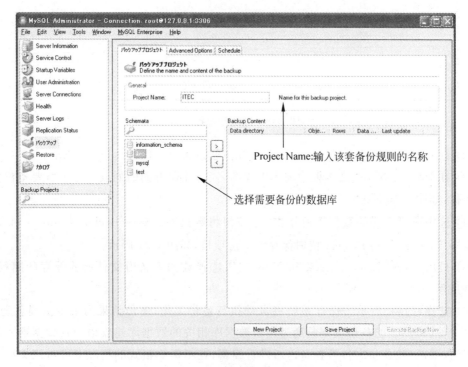

图 1-20　数据备份界面 3

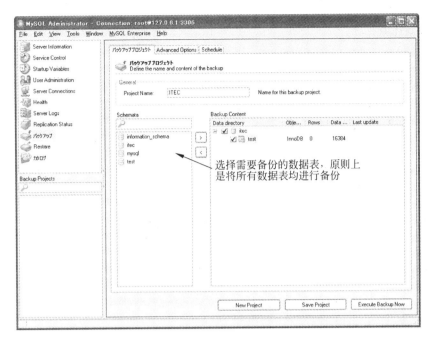

图 1-21 数据备份界面 4

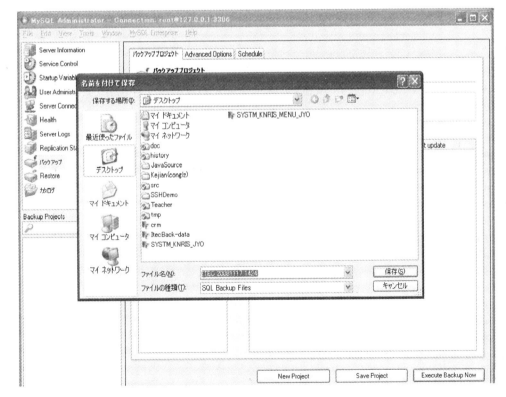

图 1-22 数据备份界面 5

2. 数据还原

（1）进入 MySQL Administrator 管理界面后在左侧列表中选择 Restore 选项，进入数据备份界面，如图 1-23 所示。

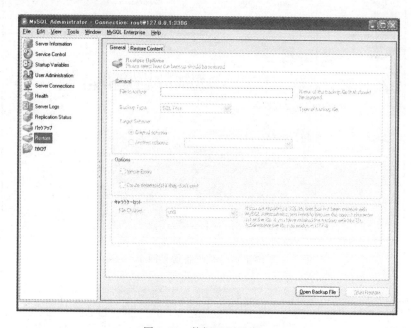

图 1-23　数据还原界面 1

（2）单击 Open Backup File 按钮，选取所要恢复的数据库文件，如图 1-24 所示。

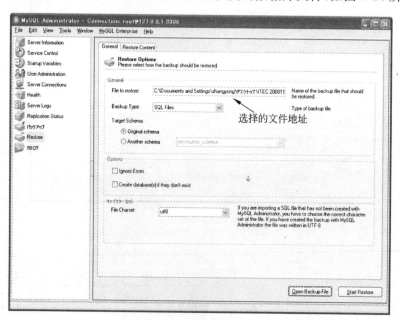

图 1-24　数据还原界面 2

（3）选择 Restore Content 属性页，可在 Data directory 列表中选择所要恢复的数据文件，单击 Analyze Backup File Content 按钮对所要恢复的数据库文件进行恢复测试，如图 1-25 所示。

图 1-25　数据还原界面 3

（4）最后单击 Start Restore 按钮，进行数据库及数据表的恢复。

第2章　HTML 基础

CHAPTER 2

HTML 是一种超文本标记语言,是进行网页设计的基础,本章介绍 HTML 的基础知识及网页设计的基本技术。重点掌握文本网页的设计及布局、网页加入图像、在网页中使用列表、创建超文本链接、创建表格、多窗口网页、输入表单、声音和视频等。

2.1　HTML 4.0 基础

HTML 称为超文本标记语言。目前通用的版本是 W3C 于 1997 年 12 月公布的 HTML 4.0。用 HTML 语言编写的文件(文档)是可供浏览器解释浏览的文件格式,是标准的 ASCII 文件,扩展名是. html 或. htm,可以使用记事本、写字板或 FrontPage Editor 等编辑工具来编写 HTML 文件。

2.1.1　HTML 标记

标记是描述 HTML 文件结构的标识符。它规定 HTML 文件的逻辑结构,并且控制主页的显示方式。

1. 标记的功能

HTML 标记的功能是标记文件结构,设定文字、图像、表格、表单等在浏览器上的显示风格及位置,嵌入脚本,实现动态主页及多媒体主页等。

2. 标记的构成及属性

标记由符号<……>、</……>和括在其中的命令字符串组成。标记有双标记和单标记。双标记包括开始标记和结束标记,必须成对出现,如<HTML>、</HTML>是文件的开始标记和结束标记,<BODY>、</BODY>是主页内容的开始标记和结束标记。单标记只有开始标记而没有结束标记。例如,标尺线标记<HR>只有开始标记而没有结束标记。另外,还有的标记,例如分段标记<P>

可以写为双标记<P>、</P>,也可以写为单标记<P>。

综合来讲,HTML的标记有下列3种表示方法:

(1)<标记名>文本或超文本</标记名>。

(2)<标记名 属性名1="属性值1" 属性名2="属性值2"……>文本或超文本</标记名>。

(3)<标记名>:仅用于一些特殊的标记,如
表示强制换行,没有与之对应的</BR>。

3. 常用 HTML 标记

常见的 HTML 标记如表 2-1 所示。

表 2-1　常见的 HTML 标记

标　　记	说　　明
<HTML>……</HTML>	<HTML>用于 HTML 文档的最前边,用来标识 HTML 文档的开始。</HTML>放在 HTML 文档的最后边,用来标识 HTML 文档的结束,两个标记必须成对使用
<HEAD>……</HEAD>	构成 HTML 文档的开头部分,包含文件的标题,使用的脚本,样式定义等,<HEAD></HEAD>标记对之间的内容是不会在浏览器的框内显示出来的。两个标记必须成对使用
<BODY>……</BODY>	定义 HTML 文档的主体部分,两个标记必须成对使用
<TITLE>……</TITLE>	定义网页的标题,标题出现在浏览器标题栏中,只能放在<HEAD>……</HEAD>标记对之间
<IMG SRC="……">	显示图片,"……"为图片的 URL
 	换行
<P>	分段
<HR>	水平画线
<FONT>……</FONT>	字体样式标志

4. 属性

属性是用来修饰标记的,放在开始标记内。常用属性包括:

(1)对齐属性。ALIGN=LEFT,左对齐(默认值);ALIGN=CENTER,居中;ALIGN=RIGHT,右对齐。

(2)范围属性。WIDTH=像素值或百分比,对象宽度;HEIGHT=像素值或百分比对象高度。

(3)色彩属性。COLOR=♯RRGGBB,前景色;BGCOLOR=♯RRGGBB,背景色。

2.1.2 HTML 文件结构

1. HTML 文件的结构

HTML 文件是以<! DOCTYPE>版本声明开始,主要由头部(HEAD)和主体(BODY)两部分组成。头部用于文件命名及定义文件的相关说明,主体定义浏览器上显示页面的内容。HTML 文件的构成结构如表 2-2 所示。

表 2-2　HTML 文件构成结构

HTML 结构	举　　例	
版本信息	<! DOCTYPE HTML PUBLIC "-//W3C//DTD HTML 4.0//EN" "http://www.w3.org/TR/REC-html40/strict.dtd">	
文件开始	<HTML>	
头部	<HEAD>	<! --头部开始-->
	<TITLE>标题名</TITLE>	<! --HTML 文件标题-->
	……其他头部内容定义标记……	
	</HEAD>	<! --头部结束-->
主体	<BODY>	<! --主体开始-->
	……主页内容(文本、图像等)……	
	<ADDRESS>作者的信息</ADDRESS>	<! 显示作者的信息-->
	</BODY>	<! --主体结束-->
文件结束	</HTML>	<! --HTML 文件结束-->

2. 版本信息

迄今为止 HTML 已公布了多个版本,最新的规范是 HTML 4.0。HTML 4.0 是 SGML 的一个具体应用,DTD 是 SGML 的一种语言定义。一个完整 HTML 文件通常是以版本声明开始的,用以指明文件语法的定义。HTML 4.0 规范有 3 种文件语法定义,必须选择其中一种并写入文件中。注意,3 种语法定义所支持的标记是不同的。

1) HTML 4.0 Strict DTD

严格语法定义,支持除可以使用但不推荐使用及框架外的所有标记和属性。

基本语法:

```
<!DOCTYPE HTML PUBLIC "-//W3C//DTD HTML 4.0//EN"
"http://www.w3.org/TR/REC-html40/strict.dtd">
```

2) HTML 4.0 Transitional DTD

扩展型版本,支持 HTML 4.0 Strict DTD 的所有合法、可以使用但不推荐使用的标记。

基本语法:

```
<!DOCTYPE HTML PUBLIC "-//W3C//DTD HTML 4.0 Transitional//EN"
"http://www.w3.org/TR/REC-html40/loose.dtd">
```

3）HTML 4.0 Frameset DTD

支持所有的合法、可以使用但不推荐使用的标记，包括 Frame 标记。

基本语法：

```
<!DOCTYPE HTML PUBLIC " - //W3C//DTD HTML 4.0 Frameset//EN"
"http://www.w3.org/TR/REC - html40/frameset.dtd">
```

3. 文件头部

文件头部在文件标记<HTML>之后、开始标记<HEAD>和结束标记</HEAD>之间定义。内容可以有标题名、文本文件地址、创作信息等网页信息说明。文件头部可以包括<TITLE>、<BASE>、<META>、<LINK>、<ISINDEX>等标记。

（1）<TITLE>……</TITLE>：用来定义网页的标题，在浏览器最上方的蓝色条中显示。网页的标题不宜过长，应尽量使用直接、概括性的文字。标题一般用来作为搜索引擎搜寻网页的线索。对于无标题的网页，浏览器用文件名或 Untitled(无标题)等字样代替。

（2）<BASE>：基点标记指定了 HTML 文档的基地址，用来定义其后所有链接的起点。<BASE>实际上定义了文档的绝对地址，对文档中引用的其他文件就可以表示成相对地址。

（3）<META>：说明一些与文档有关的信息，如文档的作者、关键内容、所用的语言等。它被搜索引擎等程序使用。<LINK></LINK>用来连结一些外部文件。

（4）<ISINDEX>：用来指定一个可检索的索引文档，它允许用户输入检索规则以检索数据库。

4. 文件主体

文件主体位于头部之后，以<BODY>为开始标记，以</BODY>为结束标记。它用来指明文档的主体部分，定义了网页上显示的主要内容与显示格式，是整个网页的核心所在。在<BODY>和</BODY>之间可包含<P>、</P>、<H1>、</H1>、
、<HR>等众多的标志，它们所定义的文本、图像等将会在浏览器的框内显示出来。

<BODY>标记的属性如表 2-3 所示。

表 2-3 HTML 文件构成结构

标　　记	说　　明
BACKGROUND	设置网页的背景图案
BGCOLOR	设置网页的背景色
TEXT	设置文本颜色，默认值为黑色
LINK	设置尚未被访问过的超文本链接的颜色，默认值为蓝色
VLINK	设置已被访问过的超文本链接的颜色，默认值为紫色

5. 注释

HTML 使用“<! --”和“-->”表示注释部分，注释可以有多行，注释的内容不会显示在浏览器上。

2.2 网页的文本及布局

2.2.1 标题和流动字幕

1. 标题

标题是一篇文章或一段文本的题目,是以某种方式被加强、被突出的词组或短语。在网页设计中,使用<Hn>标记设定标题。

基本语法：

<Hn>标题</Hn>

语法说明：<Hn>是一个双标记。标记中的 n 的值可取 1～6 的整数值,1 时文字最大,依次取 6 时文字最小,默认时为<H6>。这样,共有 6 级标题可供在网页设计中建立页面内容的分级结构。

2. 流动字幕

网页上在设置流动字幕可使得网页更加生动活泼,并有动态感觉。使用标记<MARQUEE>和</MARQUEE>可以实现流动字幕。

基本语法：

<MARQUEE>文本</MARQUEE>

语法说明：<MARQUEE>标记的属性及其意义如表 2-4 所示。

表 2-4 HTML 文件构成结构

属　　性	说　　明
align=" "	属性值为 top 或 middle 或 bottom,设定和文本的对齐方式
bgcolor="颜色"	设定 marquee 的背景色
width=x 或 x%	设定 marquee 的高,x 为像素数或相对与窗宽的百分数
direction=" "	属性值为 left 或 right,设定文字从右向左流或从左向右流
height=x	设定 marquee 的高,x 为像素数
loop=" "	属性值为-x、-1 或 Infinite,设定循环次数,为-1 或 infinite 时表示无限循环
behavior=" "	属性值为 scroll：文字单向流动；side：流动文字到达边界停止；alternate：流动文字到达边界后反向流动

代码实例 2-1：

```
<CENTER>
    <MARQUEE bgcolor="#00ff00" width=80% behavior="alternate" loop=-1>
        <font size="6" color="#ff0000">欢迎到软件学院学习</font>
    </MARQUEE>
</CENTER>
```

2.2.2 网页的背景色和背景图像

1. 设置网页的背景色

在网页设计中,使用标记<BODY>的属性 bgcolor 设定网页背景色。

基本语法:

< BODY bgcolor = "颜色值">

语法说明:颜色值可以是英文颜色名或十六进制的颜色值,如表 2-5 所示。

表 2-5　网页的背景色

颜　色　名	十六进制代码	颜　色　名	十六进制代码
Black	＃000000	Cyan	＃00FFFF
Blue	＃0000FF	Gray	＃808080
Brown	＃A52A2A	Green	＃008000
Ivory	＃FFFFF0	Pink	＃FFC0CB
Orange	＃FFA500	Red	＃FF0000
White	＃FFFFFF	Crimson	＃CD061F
Yellow	＃FFFF00	Green Yellow	＃90FF15
Dodger Blue	＃0B6EFF	Lavender	＃DBDBF8

2. 设置网页的图像背景

使用<BODY>标记的 background 属性可以给网页设置背景图像。

基本语法:

< BODY background = "图像文件名.gif">

语法说明:图像文件可以是 GIF 文件、JPEG 文件或 PNG 文件。

例如,使用<BODY background＝"photo_6.gif">将文件名为 photo_6.gif 的图像设置为网页的背景图像。

2.2.3 文本及颜色

1. 设置一段文字的大小<FONT>标记

使用<FONT>标记设定一段文章、一个语句、一个单词或多个单词的文字大小。

基本语法:

< FONT size = 数值>文字</FONT>

语法说明:<FONT>标记 size 属性的数值范围为 1～7。

在编辑文本的过程中,使用<FONT>标记的 color 属性可以变化某一字或某一字段颜色。

基本语法：

< FONT color = "颜色">字或字段</FONT>

语法说明："颜色"使用如表 2-5 所示的值。

例如：

< FONT color = "#ffffff">文字段颜色为白色</FONT>

或

< FONT color = "red">文字段颜色为红色</FONT>

代码实例 2-2：

```
< HTML >
    < BODY >
        < FONT size = "2">张光明教授,男,河北省石家庄市人</FONT>
        < FONT size = "6" color = "#0000ff">1980 年到美国攻读博士学位</FONT>
        < FONT size = 7>现任南天科技大学软件学院教授</FONT>。
    </BODY >
</HTML >
```

2. 设定网页文本颜色

在<BODY>标记中使用 text 属性设定整个网页文字的颜色。

基本语法：

< BODY text = "颜色">

代码实例 2-3：

```
< BODY text = "#ff0000">
```

3. 特殊标识

在网页上显示一些特殊符号需使用特殊标识。

代码实例 2-4：

```
&lt;HTML&gt;< br >
&lt;HEAD&gt;< br >
&lt;TITLE&gt;图像背景 &lt;/TITLE&gt;< br >
&lt;/HEAD&gt;< font size = 4 color = "red">< br >
&lt;BODY background = "photo_6.gif"&gt;</font>< br >
&lt;FONT size = "4" color = "#ff00ff"&gt;张光明教授 &lt;/FONT&gt;< br >
&lt;/BODY&gt;< br >
&lt;/HTML&gt;
```

在浏览器中的显示结果如图 2-1 所示。

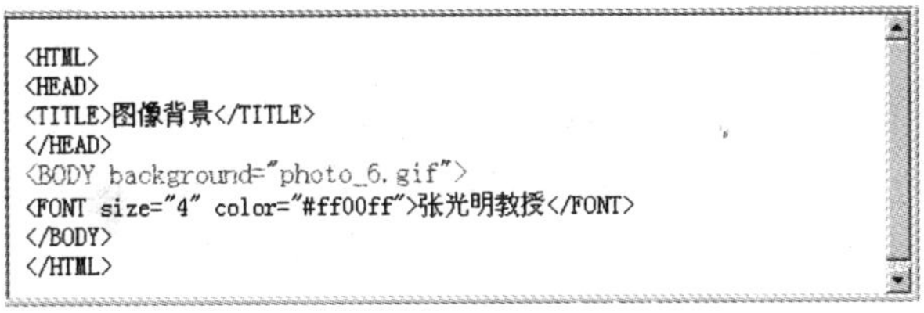

```
<HTML>
<HEAD>
<TITLE>图像背景</TITLE>
</HEAD>
<BODY background="photo_6.gif">
<FONT size="4" color="#ff00ff">张光明教授</FONT>
</BODY>
</HTML>
```

图 2-1　使用特殊标识

2.2.4　换行与分段

文章的行间调整使用 3 个标记：
、<P>和<HR>标记。

1. 强制改行

强制改行使用标记
，位于文章一行的末尾，无结束标记。它强制文本换行。

基本语法：

< BR >

2. 段落

段落标记<P>用于分段，其位置在文章前段的末尾，并使前段与后段之间留一行空白。段落标记<P>可省掉结束标记。

3. 标尺线

标尺线标记<HR>也是一个用于分段的标记，它在前后两个段落之间定义一条标尺线。在<HR>标记中使用属性 width 可以变化标尺线的长度。

基本语法：

< HR width = x >

或

< HR width = x % >

语法说明：x 为像素数，表示标尺线的长度；用％指定表示线长占屏幕宽度的百分数。在设定标尺线的长度的同时，使用属性 size 可设定标尺线的宽度。

基本语法：

< HR width = x size = y >

语法说明：y 为像数，表示线的宽度。
标尺线的位置可由 align 属性指定。

基本语法：

```
< HR align = " ">
```

语法说明：align 的属性值默认为 center(居中)，或 left(左对齐)，或 right(右对齐)。

标尺线着色是 Internet Explorer 的扩展，在标尺线标记＜HR＞内使用 COLOR 属性可以使标尺线着色。

基本语法：

```
< HR color = "颜色">
```

代码实例 2-5：

```
< H1 align = "center">软件学院教授简介</H1 >
< HR size = 4 color = " ♯ ff00ff">
< H3 >张光明教授</H3 ><P >
```

在浏览器中的显示结果如图 2-2 所示。

图 2-2　使用标尺线

4. 预置基本语法

在网页设计中，有时希望浏览器上照原样显示预先排好的一段文本，这时可使用 HTML 的预置文本功能。预置文本时使用＜PRE＞标记。

基本语法：

```
< PRE >段落基本语法</PRE >
```

代码实例 2-6：

```
< PRE >
  < H3 ><B>学术研究方向</B></H3 >
    1.计算机图形学及计算机辅助设计
    2.计算机图网络及计算机通信
  < H3 ><B>学术研究成果</B></H3 >
    1.完成国家攻关研究 4 项,其中两项获科学技术进步奖
    2.在国际学术刊物发表论文 9 篇;出版著作 4 部
</PRE >
```

2.2.5　布局

文本块(和图像)在网页上的布局通常有 3 种方式：居中、左对齐和右对齐。

1. 居中

(1) 使用<P>标记和 align 属性的 center 值。

基本语法：

< P align = "center">文本或图像</P>

语法说明：文本和图像居中排。

(2) 使用<CENTER>标记。

基本语法：

< CENTER>文本或图像</CENTER >

(3) 使用<Hn>标记和 align 属性的 center 值。

基本语法：

< Hn align = "center">文本或图像</Hn > (n = 1,2,3,4,5,6)

2. 左对齐

(1) 使用<P>标记和 align 属性的 right 值。

基本语法：

< P align = "right">文本或图像</P>

(2) 使用<Hn>标记和 align 属性的 right 值。

基本语法：

< Hn align = "right">文本或图像</Hn > (n = 1,2,3,4,5,6)

3. 右对齐

(1) 使用<P>标记和 align 属性的 left 值。

基本语法：

< P align = "left">文本或图像</P>

(2) 使用<Hn>标记和 align 属性的 left 值。

基本语法：

< Hn align = "left">文本或图像</Hn > (n = 1,2,3,4,5,6)

代码实例 2-7：

```
< P align = "center">
    < FONT size = "4" color = " # ff00ff">张光明教授</FONT>
</P>
```

2.3 网页加入图像

2.3.1 网页中加入图像

1. 图像文件的基本语法

许多网景浏览器除了显示文本外，还能显示风景画、照片等图像。最常用的图像文件的形式是 PNG、GIF 和 JPEG 形式。

1) GIF 基本语法

GIF 基本语法存储的图像文件是 8 位颜色(256 色)的数据。16 位(32 000 色)或 24 位(约 1670 万色)的风景画或照片，则必须用图像软件或变换器变换成 8 位。

GIF 基本语法的图像除了普通的图像外，还有透明 GIF 和动画 GIF。透明 GIF 用特定的颜色实现透明化使与背景图像相吻合，图像就像镶嵌在背景上；动画 GIF 可以连续看到多幅 GIF 图像，体现动画效果。

2) JPEG 基本语法

JPEG 基本语法的图像对应 24 位的彩色图像，适用于彩色照片等高画质的图像。JPEG 基本语法的图像可以压缩后使用，压缩率可以从 1/4～1/20。压缩率高时文件占用内存少，下载时间短，但复原时图像质量下降。

2. 网页中加入图像

网页中加入图像使用标记<IMG >。

基本语法：

```
< IMG src = "图像文件名.gif" alt = " " longdesc = " ">
```

语法说明：

(1) src＝"图像文件名"，可以是绝对路径或相对路径，图像可以是.gif 文件、.jpeg 文件或.png 文件。

(2) alt＝"简单说明"用于不能显示图像的浏览器或浏览器能显示图像但显示时间过长时，先显示图像的文本说明。

(3) longdesc＝"xx.html " 指明关于图像的详细说明以补充 alt 属性的简单说明。

代码实例 2-8：

```
< BODY >
    < IMG src = "asd.gif" alt = "ASD" longdesc = "asd.html">
</BODY >
```

3. 图像的替代文本

使用属性 alt 设定图像的替代文本。用于浏览器不支持图像,或浏览器虽支持图像但装载时间过长时,先显示图像的替代文本说明。

基本语法：

```
< IMG src = "图像文件名.gif" alt = "替代文本">
```

代码实例 2-9：

```
< BODY >
    < IMG src = " ∗∗∗ .gif" alt = "SANXIA" width = 200 height = 200 >
</BODY >
```

4. 图像尺寸的设定

设定网页中图像的高和宽使用 IMG 的属性 width 和 height。

基本语法：

```
< IMG src = "图像文件名.gif" width = x height = y>
```

语法说明： x、y 可取像素数,也可以取百分数。如

```
< IMG src = "asd.gif" width = 20 height = 20 >
< IMG src = "asd.gif" width = 20 % height = 20 %>。
```

2.3.2　图像和文本布局

1. 图像和文本混排

可以任意将图像夹在文字中进行文本和图像的混排,图像和文本混排时,图像和文本在垂直方向的对齐使用 align 属性。

基本语法：

```
文本< IMG src = "图像文件名.gif" align = "位置参数">文本
```

语法说明： 位置参数可取 align=top,文本与图像的顶部对齐；align=middle,文本与图像的中央对齐；align=bottom,文本与图像的底部对齐。

代码实例 2-10：

```
< BODY >
    < H2 align = "center">图像和文本混排</H2 >
    < HR size = 4 color = "♯ff00ff">文字与图像垂直方向对齐使用 align 属性有三种方式：
    < UL >
        < LI >align = "top"：文字与图像的顶部对齐；
        < LI >align = "middle"：文字与图像的中央对齐；
        < LI >align = "bottom"：文字与图像的底部对齐.
    </UL>< P >< P >文字分别与图像垂直方向的
    中央：< IMG src = "pic_1.gif" width = "80" height = "40" align = "middle">
    底部：< IMG src = " pic_2.gif" width = "80" height = "40" align = "bottom">< BR >
    顶部：< IMG src = " pic_3.gif" align = "top" width = "80" height = "40">
</BODY >
```

2. 文本环绕图像

在图像的左、右环绕文本使用 align 属性。

基本语法：

```
< IMG src = "图像文件名.gif" align = "文本位置">文本
```

语法说明：位置参数 align＝left，图像居左，文本在图像右侧；align＝right，图像居右，文本在图像左侧。

3. 解除环绕文本

解除在图像的左、右环绕文本使用标记<BR clear>。

基本语法：

```
< BR clear = " ">
```

语法说明：clear＝"left"，解除在图像左放置的文本；clear＝"right"，解除在图像右放置的文本；clear＝"all"，解除在图像的左、右放置文本。

在插入标记<BR clear=" ">的下一行文本转入正常显示。

2.4 在网页中使用列表

2.4.1 无序列表

1. 创建无序列表

HTML 4.0 提供了两类列表标记：一类是带加重符号或序号的枚举型列表标记；另一类是不带任何符号的定义型列表标记。枚举型列表标记有无序列表标记<UL>、有序列表标记<OL>及项目标记<LI>。建立无序列表使用起始标记<UL>和结束标记</UL>，项目标记<LI>和它标记的项目括在其间。

基本语法：

```
<UL>
    <LI>项目
    <LI>项目
    ……
</UL>
```

语法说明：项目标记<LI>是一个单标记，无结束标记。

代码实例 2-11：

```
<UL>
    <LI>WWW
    <LI>Browser
    <LI>HTML
    <LI>Home Page
</UL>
```

无序列表具有以下特征：

(1) 项目部分和上下段文本之间各有一行空白。

(2) 项目向右缩进并左对齐。

(3) 各项前带加重记号。

2. 嵌套无序列表

纵观一本书的目录，大多是按章、节、小节的基本语法逐层展开的，使用无序列表的嵌套可实现这种基本语法。

基本语法：

```
<UL>
    <LI>xxxx
</UL>
```

代码实例 2-12：

```
<UL>
    <LI>HTML
    <UL>
        <LI>概述
        <UL>
            <LI>Internet
            <LI>WWW 网页
            <LI>HTML 标记语言
        </UL>
        <LI>基础知识
        <UL>
            <LI>Home Page 的结构
```

```
        <LI>文字大小
        <LI>文字颜色
    </UL>
</UL>
<LI>列表
<UL>
    <LI>概述
    <UL>
        <LI>无序列表
        <LI>顺序列表
        <LI>定义列表
    </UL>
    <LI>无序列表
    <UL>
        <LI>无序列表的建立
        <LI>无序列表的嵌套
        <LI>无序列表的记号
    </UL>
</UL>
</UL>
```

注意：在无序列表嵌套中，不同层间<UL>标记的加重记号依浏览器的种类而变化。

2.4.2 有序列表

1. 有序列表

在实际应用中，人们更多使用带序号的列表，以更清楚的表达并列信息的顺序。使用标记<OL>可实现带序号的列表，称为有序列表。

基本语法：

```
<OL>
    <LI>项目1
    <LI>项目2
    <LI>项目……
</OL>
```

代码实例 2-13：

```
<OL>
    <LI>WWW
    <LI>Browser
    <LI>HTML
    <LI>Home page
</OL>
```

有序列表具有以下特征：

(1) 列表项部分和上下段文本之间各有一行空白。

(2) 列表项目向右缩进并左对齐。

(3) 各项前带顺序号。

2. 有序列表的嵌套

若想给一本书的章、节加上序号并区分出层次，可使用有序列表的嵌套技术。使用
<OL>标记实现分层次有序列表的基本语法与无序列表类似。

3. 序号种类

在<OL>或<LI>标记内使用 type 属性可以设定 5 种序号，即阿拉伯数字、大写英文
字母、小写英文字母、大写罗马数字和小写罗马数字。

基本语法：

```
<OL type="1,A,a,i,I">
```

或

```
<LI type="1,A,a,i,I">
```

语法说明：type 值的意义为 1 表示阿拉伯数字；A 表示大写罗马字；a 表示小写罗马
字；I 表示大写英文字母；i 表示小写英文字母。

注意：(1) type 属性默认自动设定为阿拉伯数字。

(2) <OL type=" ">的作用范围为整个标记范围。

(3) <LI type=" ">的作用范围是当前项。

(4) 在实际应用中多使用在<OL>标记内设定的方法。

代码实例 2-14：

```
<BIG><H3>HTML 入门</H3>
    <OL type=A>
        <LI>WWW
        <LI>Browser
        <LI type=I>HTML
        <LI>网页
    </OL>
    <EM>HTML 案例教程</EM>
    <OL type=a>
        <LI>WWW 网页
        <LI>网页文本的布局
        <LI>在网页中插入图像
        <LI type=i>列表
        <LI>表格
    </OL>
</BIG>
```

4. 设定起始序号

有序列表的序号可以从任意的数字开始。方法是在<OL>标记内使用 start 属性或在<LI>标记内加入 value 属性。

基本语法：

```
< OL start = x >
    < LI value = "x">
```

语法说明：x 为任意整数。注意，<OL start＝x>的作用域为当前<OL>标记，<LI value＝"x">的作用域为从当前项开始直到当前的</OL>标记为止的各项。

2.5　创建超文本链接

超文本链接是 Web 网页所具有的基本功能之一。在浏览 Web 网页时，之所以能够快捷地从一个 Web 网页到另一个相关的 Web 网页，就是因为在这些文件之间建立有超文本链接。

2.5.1　创建网页间的链接

在网页间创建链接前首先必须准备好链接资源，即作成一个目标文档或文件，并存放在相应的地方，有确切的 URL。链接资源包括 HTML 文件、图像文件、声音文件及视频文件等。在网页上建立的超文本链接也称为锚点（Anchor）并由标记<A>定义。锚点用于定义不同 HTML 文档或不同 HTML 文件间的链接，也用于定义包含超文本链接目标的命名位置。建立超文本链接使用<A>标记。

基本语法：

```
< A href = "URL">文本或图像</A>
```

语法说明：必须使用结束标记</A>。href 意为超文本引用，URL 是一个有效的链接资源的地址，"文本或图像"是在浏览器上显示的热点的信息。

<A>标记的属性如表 2-6 所示。

表 2-6　<A>标记的属性

属　　性	说　　明
href	指定一个 URL 作为有效的链接资源的地址
name	指定当前文档内的一个字符串作为链接时可以使用的位置名称
Rel	记载由 href 属性设定的锚与原文章的关系
Rev	指定反向关系
Type	指定特定内容的类型
Hreflang	指定链接资源的语言

　　注意,依链接资源的存放位置不同,链接可分为全局链接和局部链接。如果资源文件存放在服务器自己的目录中,链接称为局部链接;相应的,与本服务器以外的文件的链接称为全局连接。在全局链接中,http写入的URL称为绝对路径。例如:

```
< A href = "http://www.example.com">热点文本</A>
```

　　文件之间局部链接有4种情况:链接同一目录内的文件、链接下一级目录内的文件。链接上一级目录内的文件和链接同级目录内的文件。

基本语法:

```
< A href = "文件名.html">热点文本</A>
```

　　创建文件间的链接的步骤如下:

(1) 编写网页,在网页中设定热点文本。

(2) 编写其他欲链接的网页文件,即建立充足的文件资源。

(3) 在网页文件中使用<A href="欲链接的文件名.html">热点文本 </A>建立链接。

(4) 在被链接的网页文件中使用<A href="网页文件名.html">返回</A>建立与网页链接。

代码实例 2-15:

```
< BODY >
    < CENTER >
        < A href = "a.html">前一页</A> < A href = "b.html">次一页</A>
        < HR size = 4 color = "♯ff00ff">
        < MARQUEE bgcolor = "♯ffffff" width = 80 % behavior = "alternate" loop = -1>
            < font size = "6" color = "♯ff0000">链接同一目录内的文件</font>
        </MARQUEE >
    </CENTER >
< BODY >
```

代码实例 2-16:

```
< HTML >
    < BODY >
        < EM > Internet 入门</EM>
        < HR>是当前世界上规模最大的计算机网络.
        < HR>< A href = "lj00.html">返回</A>
    </BODY >
</HTML >
```

　　可以设置链接下一级目录下的文件。

基本语法:

```
< A href = "子目录名/文件名.html">文本</A>
```

从子目录名开始写,表示移到原来的子目录名的下一级子目录;可加"../"亦可省。

基本语法:

< A href = "../子目录名/文件名.html">文本</A>

可以设置链接上一级子目录的文件。

基本语法:

< A href = "../文件名.html">文本</A>

语法说明: 这里的"../"不可缺省;如果是上上一级子目录则可再加"../"。

可以设置链接同级子目录内的文件。

基本语法:

< A href = "../子目录名/文件名.html">文本</A>

语法说明: "../"表示上级子目录;"子目录名"为同级子目录名。

2.5.2 链接指定的文章段

前述的文件连接都是从文件的开头开始的。与文件之间的链接不同,所谓链接指定的文章段落是链接到文件中的某一段落。因此,必须首先对目标段进行定位命名。对目标段进行定位命名同样使用<A>标记,并使用<A>标记的 name 属性定义命名位置。

基本语法:

< A name = "value">字符串</A>

语法说明: 值 value 是定义的定位位置名,又称为锚名。例如,在"<A name = "www">www 简介:</A>"中,WWW 是锚名。锚名必须是唯一的。

可以使用<A>标记建立的锚点。

基本语法:

< A href = "♯锚名">热点文本</A>

语法说明: 锚名前加"♯"记号,文字必须是一致,并且上述定义的锚点仅是实现同一文件内的链接。链接到特定的文章段同样有全局链接和局部链接。

例如,在文件 one.html 中定义锚名<A name="anchor-one">文字串</A>,则 URL 可取:

(1) 绝对 URL,如 http://www.mycompany.com/one.html♯anchor-one。

(2) 相对 URL,如 ./one.html♯anchor-one or one.html♯anchor-one。

(3) 同一文档内定义的链接,如♯anchor-one。

局部链接有 5 种形式,即同一文件内的某段落、同一目录下的其他文件的某一段落、下一级子目录下文件的段落、上一级子目录下文件的段落和同一级子目录内的文件的段落。可设定局部链接。

基本语法:

< A NAME = "锚名"> 文字串</A>< A href = "♯锚名">热点文本</A>

链接同一文件内的某段落的设计步骤如下：

（1）编写网页，在网页文件中使用<A href="♯锚名">热点文本</A>建立链接。

（2）在链接目的地使用<A NAME="锚名"> 文字串</A>建立锚地。

（3）使用<A href="♯锚名">返回 </A>建立返回原链接点。

代码实例 2-16 如图 2-3 所示。

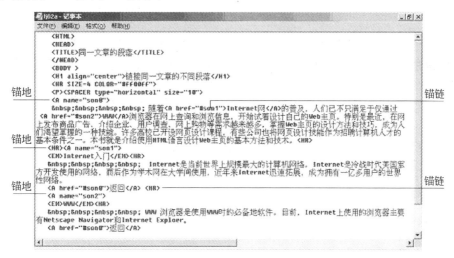

图 2-3　链接同一文件内段落的 html 文件

在浏览器中的显示结果如图 2-4 所示。

图 2-4　链接同一文件内不同段落

2.6　创建表格

表格是网页的一部分。将文本或图像按一定的行、列规则进行排列称为表格。在网页中使用表格可使得一些数据信息更容易浏览。HTML 具有极强的表格功能，它可以把文字、图像、声音甚至视频组织在表格中,也可以使用表格对文本、图像或其他对象实现版面设计,作成生动、活泼的网页。

2.6.1 建立表格

1. 基本语法

网页中建立一个表格使用表格标记<TABLE>、行标记<TR>及列标记<TD>。

基本语法:

```
<TABLE>
    <TR>
        <TD>表项1</TD><TD>表项2</TD>……<TD>表项n</TD>
    </TR>
    <TR>
        <TD>表项1</TD><TD>表项2</TD>……<TD>表项n</TD>
    </TR>
    ……
</TABLE>
```

1)<TABLE>标记

在网页中使用标记<TABLE>和 </TABLE>定义表格,表格内容放在开始标记<TABLE>和结束标记</TABLE>之间。表格内容的定义标记有行定义标记<TR>和列定义标记<TD>。

<TABLE>标记的属性如表2-7所示。

表 2-7　<TABLE>标记的属性

属　　性	说　　明
border="n"	定义表格边框的粗细,n取整数,单位为像素
bordercolor="颜色值"	定义表格边框的颜色
summary="简要说明"	对表格的基本语法和内容作简要说明
bgcolor	设定表格的背景色
background	设定表格的背景图像
width="n/n%"	设定表格的宽度
height="n"	设定表格的高度
align="left/right /center"	定义表格在页面上的水平对齐方式
cellpadding	调节表单元线和数据之间的距离
cellspacing	调节表元与边框间的空白
clear="left/right/all"	设定表格与后面文本的相互位置
rules="参数"	设定有无表格线,参数为none,无格线;groups,仅在行组和列组间有格线;rows,仅有行间格线;cols,仅有列间格线;all,有行和列格线
frame="参数"	设定有无表格边框,参数为void,无边框;above,仅有顶框;below,仅有底框;hsides,仅有顶框与底框;vsides,仅有左框与右框;lhs,仅有左侧框;rhs,仅有右侧框;box,有全部边框;border,边框

2）＜TR＞标记

＜TR＞表示表格的一行开始，是一个单标记，也可以使用结束标记＜/TR＞表示一行表项的结束。＜TR＞标记的属性如表 2-8 所示。

表 2-8　＜TR＞标记的属性

属　　性	说　　明
bgclor	设定表格一行的背景色
align＝"left/right /center"	定义表格一行的表数据项的水平对齐方式
bordercolordark＝"颜色值"	定义表格一行边框的颜色
bordercolorlight＝"颜色值"	定义表格一行边框的颜色

3）＜TD＞标记

＜TD＞为列定义标记，表格的数据写在列＜TD＞和＜/TD＞之间。

＜TR＞标记的属性如表 2-9 所示。

表 2-9　＜TD＞标记的属性

属　　性	说　　明
bgclor	设定背景色
align＝"left/right /center"	定义表数据项的水平对齐方式
bordercolordark＝"颜色值"	定义表格边框的颜色
width＝"n/n%"	设定表格单元宽度
height＝"n"	设定表格单元高度

代码实例 2-17：

```
< TABLE border = "2" summary = "建立一个职工信息表">
    < TR >
        < TH >序号 ID< TH >姓名< TH >性别< TH >年龄< TH >专业特长< TH >技术职称
    < TR >
        < TD > 101 < TD >李大力< TD >男< TD > 55 < TD >计算机网络< TD >教授
    < TR >
        < TD > 102 < TD >张芝兰< TD >女< TD > 45 < TD >计算机硬件系统< TD >教授
</ TABLE >
```

2. 表题

表题是表格的内容声明。HTML 使用标记＜CAPTION＞给表格加表题，并使用 align 属性定义表题的位置。

基本语法：

```
< TABLE >
    < CAPTION align = "top/bottom/left/right">表题</CAPTION >
</ TABLE >
```

　　语法说明：属性 align 的参数值为 top,表题可放在表的上部；bottom,表题可放在表的下部；left,表题可放在表上部的左侧；right,表题可放在表上部的右侧。使用 ALIGN＝"bottom"时在标记＜CAPTION＞内可以嵌套＜FONT size＝"值"＞使表题文字稍稍变小而使得表更清晰。

3. 表头

　　使用标记＜TH＞可以在表的第一行或第一列加表头。表头写在开始标记＜TH＞和结束标记＜/TH＞之间,并用醒目的粗体字显示。

　　基本语法：

```
< TABLE BORDER >
    < TR >
        < TH >表头 1 </TH>< TH >表头 2 </TH>< TH >表头 3 </TH>
    < TR >
        < TD >表项 1 </TD>< TD >表项 2 </TD>< TD >表项 3 </TD>
    < TR >
        < TD >表项 4 </TD>< TD >表项 5 </TD>< TD >表项 6 </TD>
</TABLE >
```

　　代码实例 2-18：在表的第一列加表标题。

```
< TABLE border = "2" summary = "建立一个职工信息表">
    < CAPTION align = "bottom">< FONT size = 2 >教师基本信息表</FONT ></CAPTION>
    < TR >< TH >序号 ID< TH >姓名< TH >性别< TH >年龄< TH >专业特长< TH >技术职称
</TABLE >
```

4. 行、列合并

　　在＜TR＞、＜TD＞、＜TH＞标记使用 rowspan 和 colspan 属性可以进行表格眼元素的行、列合并。

　　1) 合并行

　　在＜TD＞＜TH＞标记内使用 rowspan 属性可以进行行合并。

　　基本语法：

```
< TD rowspan = X >表项< TD >
```

　　语法说明：X 表示纵方向上合并的行数。

　　2) 列合并

　　在＜TD＞和＜TH＞标记内使用 colspan 属性进行列合并。

　　基本语法：

```
< TD colspan = X >表数据项< TD >
```

　　语法说明：X 为水平方向上的表格的单元数(即列数)。

代码实例 2-19：

```
< TABLE border = "2" summary = "建立一个职工信息表">
    <TR><TH>姓名<TH>性别<TH>年龄<TH colspan = "2">专业特长及技术职称
    <TR><TD rowspan = 5><TD>李大力<TD>男<TD>55<TD>计算机网络<TD>教授
    <TR><TD>张芝兰<TD>女<TD>45<TD>计算机硬件系统<TD>教授
</TABLE>
```

5. 多重表头的表格

在<TH>标记内使用 ROWSPAN 和 COLSPAN 属性的可制作多重表头。

代码实例 2-20：

```
< TABLE border = "2" frame = "box" summary = "建立一个职工信息表">
    <TR><TH rowspan = 2>序号<TH colspan = 4>基本情况<TH colspan = 2>技术职称
    <TR><TH>姓名<TH>性别<TH>年龄<TH>专业特长<TH>技术职称
    <TR><TD>101<TD>李大力<TD>男<TD>55<TD>计算机网络<TD>教授
    <TR><TD>102<TD>张芝兰<TD>女<TD>45<TD>计算机硬件系统<TD>教授
</TABLE>
```

2.6.2 表格边框

通过给表格加上有立体感的表边框、调节表元素边线和元素内的数据之间的空白间距、变化表格元素边线的宽度,可以把表格做得更生动、更美观。

1. 表格边框

在<TABLE>标记内附加 frame、rules 和属性可以生成各种表格边框单元线。

基本语法:

```
< TABLE frame = "边框参数" rules = "格线参数" border = "像素">内容</TABLE>
```

语法说明:表格边框各属性的参数值如表 2-10 所示。

表 2-10 表格边框各属性的参数值

属 性	参数值	说　　明	属 性	参数值	说　　明
bgclor	void	无边框	rules	none	无格线
	below	仅底框		rows	仅有行间格线
	vsides	仅左侧框		all	有行和列格线
	rhs	仅左、右框			
	border	边框		groups	仅在行组和列组间有格线
	above	仅顶框			
	hsides	仅顶框底框		cols	仅有列间格线
	lhs	仅右侧框			
	box	全部边框	border		设定边框宽度

通常利用表格的<TABLE>、<TR>、<TD>标记及其属性进行网页布局。例如，一个利用表格布局的例子如图 2-5 所示。

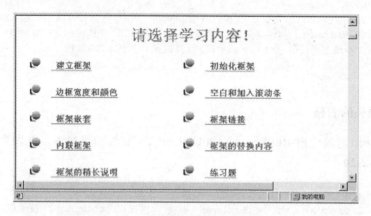

图 2-5　利用表格进行布局的网页

代码实例 2-21：

```
< TABLE align = "center" width = 700 cellspadding = 5 cellspacing = 20 >
    < TH colspan = 2 bgcolor = "#ffffff">     
        < FONT size = 6 color = "red"><B>请选择学习内容!</B></FONT>
    < TR >
        < TD >< font size = 4 >< IMG src = "ball2.gif">   
            < A href = "#h71"><B>建立框架</A></TD>
        < TD >< font size = 4 >< IMG SRC = "ball2.gif">   
            < A href = "#h72"><B> 初始化框架</A></TD>
    </TR>
    < TR >
        < TD >< font size = 4 >< IMG src = "ball2.gif">   
            < A href = "#h73"> <B> 边框宽度和颜色</A></TD>
        < TD >< font size = 4 >< IMG SRC = "ball2.gif">   
            < A href = "#h74"><B> 空白和加入滚动条</A></TD>
    </TR>
    < TR >
        < TD >< font size = 4 >< IMG src = "ball2.gif">   
            < A href = "#h75"><B> 框架嵌套</A></TD>
        < TD >< font size = 4 >< IMG SRC = "ball2.gif">   
            < A href = "#h76"><B> 框架链接</A>
    </TR>
    < TR >
        < TD >< font size = 4 >< IMG SRC = "ball2.gif">   
            < A href = "k7100.html"><B>内联框架</A></TD>
        < TD >
            < font size = 4 >< IMG SRC = "ball2.gif">   
            < A href = "k7100.html#h78"><B>框架的替换内容</A></TD>
    </TR>
    < TR >
```

```
    <TD><font size=4><IMG src="ball2.gif">  
        <A href="k7100.html#h79"><B>框架的稍长说明</A></TD>
    <TD><font size=4><IMG src="ball2.gif">  
        <A href="k7100.html#h7a"><B>练习题</A></TD>
    </TR>
    <TR>
        <TD>><font size=4><IMG src="ball2.gif">  
        <A href="k7100.html#h7b"><B>思考题</A></TD>
    <TD><font size=4><IMG src="ball2.gif">  
        <A href="kzc7.html"><B>自测题</A></TD>
    </TR></B></B></B></B></B></B></B>
</TABLE>
```

2. 有立体感的表格边框

使用标记 TABLE 的 BORDER 属性并与<TABLE>标记有机结合,再配以
BorderColor 属性,可以作成双层边框或多层边框的立体感很强的表格。

基本语法:

```
<TABLE border=x>
    <TD>
      <TABLE border=y>
        <TD>表项</TD><TD>表项</TD><TD>表项</TD>
      </TABLE>
</TABLE>
```

使用 cellpadding 和 cellspacing 属性可制作成多层边框表格。

基本语法:

```
<TABLE border=x cellpadding=z cellspacing=s>
    <TD>
      <TABLE border=y>
        <TD>表项</TD><TD>表项</TD><TD>表项</TD>
      </TABLE>
</TABLE>
```

代码实例 2-22:

```
<TABLE border="8" cellpadding="8" cellsoacing="6">
   <TD>
     <TABLE border=5>
       <TR><TH>序号<TH>姓名<TH>性别<TH>年龄<TH>专业特长<TH>技术职称
       <TR><TD>101<TD>李大力<TD>男<TD>55<TD>计算机网络<TD>教授
       <TR><TD>102<TD>张芝兰<TD>女<TD>45<TD>硬件系统<TD>教授
     </TABLE>
</TABLE>
```

2.7 框架

　　框架是浏览窗口中的矩形区域,可以显示页面。同时,它的旁边可以有其他的框架,用于显示其他网页。框架结构可以使 Web 浏览器同时显示多个页面,从而实现了在同一浏览器窗口访问不同网页的功能。框架与表格类似,也是以行和列的形式安排文本和图像。但是框架和表格不同,其根本区别在框架之间可以包含任意的链接,从而实现框架单元中内容的动态变更。框架分为水平分割型和垂直分割型两类。另外,如果嵌套时,在一个框架内还可以分割成若干个框架。图 2-6 是在一个浏览器窗口显示多个网页。

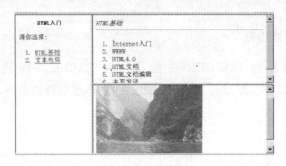

图 2-6　在一个浏览器窗口显示多个网页

2.7.1 建立框架

1. <FRAMESET>标记

　　使用框架标记 <FRAMESET>、</FRAMESET>和框架内容标记<FRAME>建立一个框架结构。

基本语法:

```
< FRAMESET >
    < FRAME >
    < FRAME >
    < FRAME >
    ......
</FRAMESET >
```

　　属性说明:框架是按<FRAME>标记的顺序依先行和后列进行排列。建立框架必须使用<FRAMESET>的 ROWS 和 COLS 属性。

基本语法:

```
< FRAMESET rows = "x">
    < FRAME >
</FRAMESET >
```

或

```
< FRAMESET cols = "y">
    < FRAME >
</FRAMESET>
```

属性说明：属性 rows 表示制作成横向分割型框架，属性 cols 表示制作成纵向分割型框架。rows 和 cols 的值 x、y 的可为像素数，指定框架的绝对大小；%数，指定框架相对于浏览器窗口大小的百分数；符号 *，指定框架的大小为由像素数或%数指定框架大小后浏览器窗口的剩余部分。当仅用 * 号时，"*"表示整个窗口，"*，*"表示窗口分成两个均等的框架，"*，*，*"表示窗口分成 3 个均等的框架等。这些值间不能有空格并用","号分开，根据输入的值的个数决定框架数和位置。

在框架结构的.html 文件中使用<FRAMESET>标记取代<BODY>标记，如果同时使用了这两个标记，将显示警告提示。

代码实例 2-23：

```
< FRAMESET ROWS = "80,80, * ">
    < FRAME SRC = "aaa1.html">
    < FRAME SRC = "aaa2.html">
    < FRAME SRC = "aaa3.html">
</FRAMESET >
```

这时，在浏览器上表示指定 3 个横向框架，顶部框架高为 80 像素，中部框架高为 80 像素，其余为下部框架，也可以由 3 种取值混合使用来指定框架。

例如，<FRAMESET rows="80, *, 80">，表示将窗口分成 3 个框架，顶部和底部框架高各为 80 像素，其余部分为中间框架。又如<FRAMESET rows="20%, *, 80">，则表示顶部框架为浏览器窗口高的 20%，底部框架高为 80 像素，其余为中间框架。使用 cols 属性纵向分割窗口生成框架的方法与 rows 相同。从实例中看到，在含有框架结构的 HTML 文档内，不能再使用结构标记<BODY>，而在<HEAD>标记之后直接写<FRAMESET>标记。

2. 初始化框架

框架初始化是指给各个框架指定初始显示的网页。框架初始化使用<FRAME>标记。

基本语法：

```
< FRAME src = "文件名.html" name = "框架名">
```

语法说明：<FRAME>标记的个数应等于在<FRAMESET>标记中所定义的框架数，并依在文件中出现的次序按先行后列对框架初始化，即第一个 FRAME 标记指定的文件位于第一行第一列。如果<FRAME>标记数少于<FRAMESET>标记中所定义的框架数量，则其余的框架为空白。<FRAME>是一个单标记，并使用属性 src 和 name 初始化。src 属性的值为文件名。例如，< FRAME SRC = " filename. html " >、< FRAME SRC =

"../dictory1/filename. html">、<FRAME SRC="http://WWW. serer. com">,即路径的
表示方法与链接标记<A>和图像标记<IMG>相同。name 属性指定一个框架名。框架
名由字母打头,用下划线打头的框架名无效。框架名用于链接。

代码实例 2-24：

```
< FRAMESET COLS = "25 % ,75 % ">
    < FRAME src = "ccc1. html" name = "main">
    < FRAME src = "ccc2. html" name = "sub">
</FRAMESET >
```

本例中设定主框架为菜单框架。副框架为子框架,显示主框架中某菜单项的内容。

2.7.2　框架嵌套

1. 直接嵌套

框架的相互嵌套可以做成一个复杂的框架布局。直接使用<FRAMESET>标记可以
进行的框架嵌套,例如:

```
< FRAMESET rows = " * , * , * ">
    < FRAME src = "     ">
    < FRAMESET cols = " * , * ">                <!嵌套的框架,中间框架纵向分为两个框架>
        < FRAME src = "     ">
        < FRAME src = "      ">
    </FRAMESET >
    < FRAME src = "       ">
</FRAMESET >
```

代码实例 2-25：

```
< FRAMESET COLS = " * , * , * ">
    < FRAME SRC = "ccc1. html">
    < FRAMESET ROWS = " * , * ">
        < FRAME SRC = "">
        < FRAME SRC = "">
    </FRAMESET >
    < FRAMESET ROWS = "40 % , * ,40 % ">
        < FRAME SRC = "">
        < FRAME SRC = "">
        < FRAME SRC = "">
    </FRAMESET >
</FRAMESET >
```

在浏览器中的显示结果如图 2-7 所示。

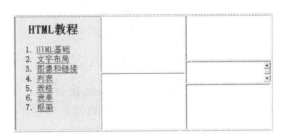

图 2-7　横向框架的嵌套

2. 以文件形式实现框架嵌套

被嵌套的框架可以写成另一个.html 文件。例如：

```
< FRAMESET rows = " * , * , * ">
    < FRAME src = "文件 1">
    < FRAMESET cols = " * , * ">                          <!嵌套的框架>
        < FRAME src = "文件 2">
        < FRAME src = "文件 3">
    </FRAMESET>
    < FRAME src = "文件 4">
</FRAMESET >
```

也可以写成：

```
< FRAMESET rows = " * , * , * ">
    < FRAME src = "文件 1">
    < FRAME src = "文件 5">
    < FRAME src = "文件 4">
    </FRAMESET >
```

其中，"文件 5"为：

```
< HTML >
    < HEAD >  < TITLE >文件 5.html </TITLE >  </HEAD >
    < FRAMESET cols = " * , * ">                          <!嵌套的框架>
        < FRAME src = "文件 2">
        < FRAME src = "文件 3">
    < FRAMESET >
</HTML >
```

2.7.3　框架间链接

　　框架内容中含有热文本时，必须指定链接的目标文件显示在那一个框架内，即指明显示目标文件的框架名。如果没有进行这种指定，则单击当前框架热文本产生链接时，被链接的目的文件则在当前框架内显示。假如当前框架的内容是一个菜单，则该框架失去了菜单功能。

控制链接目的文件在那一个框架内显示的方法是在<A>标记内使用 target 属性。
基本语法：

< A href = "目的文件名.html" target = "值">热点文本</A>

语法说明：单击当前框架的内的热点文本时,链接目的文件的内容就会显示在由 target 的值所指定的框架或窗口内。target 属性值包括如下内容。

1. 框架名

基本语法：

< FRAME src = "文件名.html" name = "框架名">
    < A href = "目的文件名.html" target = "值">热点文本</A>

例如：

< FRAME src = "menu.html" name = "menu">
< FRAME src = "A.html" name = "bb">
    < A href = "asd.html" target = "bb"> AAA </A>

单击 AAA 时,目的文件 asd.html 将显示在框架名为 bb 框架内,从而更新框架 bb 的内容。

2. _top

功能是将链接的文件装入整个浏览器窗口。
基本语法：

< A href = "连接目的文件名" target = "_top">热点文本</A>

3. _self

功能是将连接的文件装入当前框架中,以取代该框架中正在显示的文件。
基本语法：

< A href = "连接目的文件名" target = "_self">热点文本</A>

4. _blank

功能是将连接的文件装入一个新的没有名的浏览器窗口。
基本语法：

< A href = "连接目的文件名" target = "_blank">热点文本</A>

例如：<A href="asd.html" target="_blank">AAA</A>,单击 AAA 时,打开一个新的没有名的浏览器窗口显示 asd 文件。

5. _parent

功能是将连接的文件装入父框架中(框架有嵌套时),否则与_top 相同。

基本语法：

< A href = "连接目的文件名" target = "_parent">热点文本</A>

2.8 输入表单

迄今为止，所设计的网页都是向网上发布信息，实现信息交互、从网上收集反馈信息方法是在网页上建立输入表单。输入表单是网页的一个组成部分，网页的具有可输入表项及项目选择等控制所组成的栏目称为表单。在个人网页中表单用于收集质量调查、电子购物、商品交易、人才招聘等用户的反馈信息，是实现网上信息交流的重要手段。

如图 2-8 所示为某大学毕业生工作情况调查表的网页。内容包括表项输入、菜单选择和成段文字输入等栏目的制作方法和技巧。

图 2-8　某大学毕业生工作情况调查表的网页

输入表单主要由输入表项、单选钮、选择框、成段文字输入及发送、复位按钮等表单控制组成。在制作表单的过程中，可以将列表、表格等功能引入表单的布局设计，使得表单结构整齐，形成风格各异的布局。另外，为使表单紧凑，在选择控制中尽量不使用按钮选择而使用菜单选择。

2.8.1 建立输入表单

1. <FORM>

一个输入表单主要由输入表项、单选钮、选择框、成段文字输入及发送、复位按钮等控制项目组成的。表单是网页的组成部分，网页上建立一个表单需使用做成表单的标记<FORM>。

基本语法：

```
< FORM >
    表单内容：输入表项、单选钮、选择框、文本框、发送、复位按钮
</FORM >
```

语法说明：＜FORM＞标记内不能再嵌入＜FORM＞标记。表单内容由内容标记作成。内容的标记主要有生成输入表项和按钮控制的标记＜INPUT＞、生成选择栏控制的标记＜SELECT＞和输入成段文字的标记 TEXTAREA＞。

＜FROM＞标记的属性如表 2-11 所示。

表 2-11　＜FROM＞标记的属性

属　　性	说　　明
action	设定表单的处理代行手段，属性值为 HTTPURL 或 E-mallURL
method	设定传送表单数据组的方法，取值为 get(默认值)或 post
enctype	指定当 method="post"时向服务器传送表单所使用的 content type，属性初值为 application/www-from-urlencoded
accept-charset	设定由服务器处理表单时必须收到的输入数据的字码列表
accept	指定用","分开服务器处理表单内容类型的列表

2. 输入表项

使用标记＜input＞及其属性 type 可以设计输入表项。
基本语法：

```
< INPUT type = " " name = " " size = " " maxlength = " ">
```

语法说明：type="text"，表示指定输入的单行文本以标准字符显示；size=x，表示输入单行文本区域的宽度，x 为字符数；Name，表项名；Maxlength，限制单行文本输入的最大字符数。

在表项前可写入表项标题，以告诉读者应该在字段内输入什么内容。方法有 3 种：

1) 直接在字段前可题写入表项标题
代码实例 2-26：

```
<FORM>
    姓名: < INPUT type = "text" size = 20 ><P>
    性别: < INPUT type = "text" size = 40 ><P>
    住址: < INPUT type = "text" size = 35 ><P>
</FORM>
```

2) 结构化输入
结构化输入使用 FIELDSET 和 LEGEND 标记将相关操作和标签成组化。
基本语法：

```
< FIELDSET >
    < LEGEND > Personal Information </LEGEND >
    Last Name: < INPUT name = "personal_lastname" type = "text" tabindex = "1">
    First Name:< INPUT name = "personal_firstname" type = "text" tabindex = "2">
    Address: < INPUT name = "personal_address" type = "text" tabindex = "3">
    …
</FIELDSET >
```

语法说明：<LEGEND>标记用于指定 FIELDSET 的标题。

代码实例 2-27：

```
< FIELDSET >
    < LEGEND >< H3 >个人信息</H3 ></LEGEND >
    < TABLE >
        < TR >< TD >姓名：< TD >< input type = "text" name = "T1" size = "8" >
        性别：< input type = "radio" name = "kk" value = "t1" >男
            < input type = "radio" name = "kk" value = "tt" >女
        < TR >< TD >毕业时间：
            < TD >< input type = "text" name = "T3" size = "4" >年
                < input type = "text" name = "T4" size = "2" >月
                < input type = "text" name = "T5" size = "2" >日< BR >
        < TR >< TD >所在班级：
            < TD >< input type = "text" name = "T6" size = "11" >系
                < input type = "text" name = "T6" size = "11" >专业
                < input type = "text" name = "T6" size = "11" >班
        < TR >< TD >现工作单位：< TD >< input type = "text" name = "T7" size = "68" >
        < TR >< TD >通信地址：< TD >< input type = "text" name = "T7" size = "68" >
        < TR >< TD >邮政编码：< TD >< input type = "text" name = "T7" size = "20" >
        < TR >< TD >电话号码：< TD >< input type = "text" name = "T7" size = "20" >
        < TR >< TD >E_mall：< TD >< input type = "text" name = "T7" size = "68" >
    </TABLE >
</FIELDSET >
```

显示结果如图 2-9 所示。

图 2-9   结构化输入

2.8.2   选项按钮控制

表单中使用两种选择钮：一是单选按钮；二是复选框。通过<INPUT>标记的 type 属性进行设定选项按钮控制。type 值选择为 radio 属性时生成单选按钮，type 值选为 checkbox 时生成复选框。另外，还使用 value 属性设定控制操作的初值。

1. 单选按钮

单选按钮用于在同一类型的项目中选择一个的场合。<INPUT>标记内使用 type 属性并用 name 属性输入控制名,同一组选项按钮的控制名相同。

基本语法:

```
< INPUT type = "radio" name = "控制名" value = "值">
```

2. 预置单选按钮

在若干个按钮中预置按钮时,在<INPUT>标记中再加入使用 checked 属性。
例如:

```
< INPUT type = "radio" name = "soft" checked>Windows
< INPUT TYPE = "radio" NAME = "soft">Unix
< INPUT TYPE = "radio" NAME = "soft"> Windows NT
```

第一个选项按钮被预置。选钮名可使用 value 属性以设定控制初值。

基本语法:

```
< INPUT type = "radio" name = "控制名" value = "值">
```

3. 复选框

复选框是表单的组成部分之一。使用<INPUT>标记的 type 属性并选择值为
checkbox 时可设定为方选钮。例如,<INPUT type="checkbox" name="soft" checked>
Windows 设定为复选框并被预置。

4. Reset 按钮和 Submit 按钮

Reset 按钮是用户取消输入的表单内容而使用的按钮。按此按钮将清除原来的全部输
入以待重新输入。

基本语法:

```
< INPUT type = "reset">
```

语法说明:它将自动给按钮加上名字 reset,如果想更改按钮名,可使用 VALUE 属性。

基本语法:

```
< INPUT type = "reset" value = "按钮名">
```

Submit 按钮是用户发送表单时使用的按钮,按此按钮将发送表单。

基本语法:

```
< INPUT type = "submit">
```

语法说明:按钮的默认名为 submit Query,同样,更改按钮名使用 VALUE 属性。

基本语法:

```
< INPUT type = "submit" value = "按钮名">
```

代码实例 2-28：

```
< DIV align = "center">
    < BUTTON name = "submit" value = "submit" type = "submit">
        Send < IMG src = "photo_51.gif" alt = "wow width = "45" height = "52"""></BUTTON>
    < BUTTON name = "reset" type = "reset">
        Reset < IMG src = "photo_6.gif" alt = "oops" width = "45" height = "52"></BUTTON>
</DIV>
```

2.8.3 需求分析的意义

选择栏分弹出式选择栏和字段式选择栏两种。生成选择栏可使用标记<SELECT>和选项标记<OPTION>。标记<SELECT>和选项标记<OPTION>的属性如表 2-12 所示。

表 2-12 标记<SELECT>和选项标记<OPTION>的属性

标 记	属 性	说 明
<SELECT>	name	指定控制操作名
	size	在带滚动条的列表选择栏中一次可见的列表项目数
	multiple	布尔型属性,设定时可进行多元选择,否则仅选一项
<OPTION>	selected	布尔型属性,设定时则该项被预置
	value	特定控制操作的初始值,默认初值为 OPTION 的内容
	label	指定选择项的标签

1. 弹出式选择栏

基本语法：

```
< FORM >
    < SELECT >
        < OPTION >选项 1
        < OPTION >选项 2
        < OPTION >选项 3
        ……
    </SELECT >
</FORM >
```

语法说明：在浏览器上的显示一个选择栏,选项 1 显示在栏内,其后是一个下三角按钮,单击按钮则选择栏向下延伸出现各选项。

代码实例 2-29：

```
< TABLE align = "center">
    < TR >< TD colspan = 4 >< H2 >职称和职务</H2 >< TR >< TD >职称:
        < TD >< SELECT name = "D2" size = "1">
```

```
                    < OPTION selected value = "高级工程师">高级工程师
                    < OPTION value = "工程师">工程师
                    < OPTION value = "教授">教授
                    < OPTION value = "副教授">副教授
                    < OPTION value = "讲师">讲师
                    < OPTION value = "其他">其他
                </SELECT >
        < TD >职务: < TD >< SELECT name = "D3" size = "1">
                    < OPTION value = "总工程师">总工程师
                    < OPTION selected value = "副总工程师">副总工程师
                    < OPTION value = "经理">经理
                    < OPTION value = "副经理">副经理
                    < OPTION value = "部门负责人">部门负责人
                    < OPTION value = "技术人员">技术人员
                    < OPTION value = "其他">其他
                </SELECT >
</TABLE >
```

2. 字段式选择栏

基本语法：

```
< SELECT size = "n">
```

语法说明：即在 SELECT 标记内使用 size 属性，n 为字段式选择栏内显示的选择项数。拖动滚动条可在选择栏内显示其他选择项。

代码实例 2-30：

```
< SELECT multiple size = "4" name = "component - select">
    < OPTION selected value = "Component_1_a"> Component_1 </OPTION >
    < OPTION selected value = "Component_1_b"> Component_2 </OPTION >
    < OPTION > Component_3 </OPTION >
    < OPTION > Component_4 </OPTION >
    < OPTION > Component_5 </OPTION >
    < OPTION > Component_6 </OPTION >
    < OPTION > Component_7 </OPTION >
</SELECT >
```

该字段式选择栏一共有 7 个菜单项，可看到 4 项，使用滚动条可看其他项。可以看到，使用 SELECT 标记可以生成一个菜单，菜单提供的各项选择是由 OPTION 标记生成的，一个 OPTION 标记生成一个菜单项，SELECT 标记中至少有一个菜单项。

3. 预置选择项

若预置某一项为选择项时，可在 <OPTION> 标记内加入 selected 属性。

基本语法：

```
< OPTION selected>选项
```

语法说明：OPTION 标记中无 selected 属性时，该菜单项不被预置；OPTION 标记中有 selected 属性时，该菜单项被预置；当<SELECT>标记中有 multiple 属性设定且多个<OPTION>标记有 selected 属性设定时，则多项被预置；当<SELECT>标记中无 multiple 属性设定且多个<OPTION>标记有 selected 属性设定时，则为错误。

4. 成段文字输入

在调查书中希望用户充分发表意见，这时单行字段就不够用了，需使用多行字段。实现这一目的的标记是<TEXTAREA>。标记<TEXTAREA>属性如表 2-13 所示。

表 2-13 标记< TEXTAREA >的属性

属 性	说 明
name	指定控制操作名
roes	设定可视区输入的文本的行数。用户的输入可以多于这个行数，超过可视区的内容用滚动条进行控制操作
cols	设定可视区输入的文本的列数。用户的输入可以越过这个宽度，超过可视区的内容用滚动条进行控制操作

基本语法：

```
< FORM >
    < TEXTAREA name = " " rows = "行数" cols = "列数">
    …… 多行文本 ……
    </TEXTAREA >
</FORM >
```

语法说明：一个表单中可以有多个多行文本输入区。

代码实例 2-31：

```
< HR >< FONT size = "5" color = "♯ff0000">请对下列各项发表意见</FONT >
    < OL >
        < LI >< FONT size = "4">您在工作中取得成绩：</FONT ></p>
            < TEXTAREA rows = "5" name = "S4" cols = "70"></TEXTAREA >< P >
        < LI >< FONT size = "4">你认为学校的教学中应增加哪些方面的课程：</FONT >
            < TEXTAREA rows = "2" name = "S1" cols = "70"></TEXTAREA >< P >
        < LI >< FONT size = "4">你认为学校的教学中应加强哪方面的能力培养：</FONT >
            < TEXTAREA rows = "2" name = "S2" cols = "70"></TEXTAREA >< P >
        < LI >< FONT size = "4">你对学校的希望是：</FONT >
            < TEXTAREA rows = "2" name = "S3" cols = "70"></TEXTAREA >
    </OL >
</HR >
```

2.9 多媒体技术

2.9.1 播放声音

在网页制作中,插入声音会使得网页更生动、更活泼。网页中播放声音通常有两种方式:一是打开网页时自动播放的背景声音;二是在某个网页中单击某个链接时播放声音。

1. 背景声音

使用<BGSOUND>标记可以加入背景声音。

基本语法:

```
< BGSOUND src = " … " loop = n >
```

语法说明:属性 src="…"表示播放的声音文件,loop=n 表示播放的次数。

代码实例 2-32:

```
< HTML >
    < BODY >
        < BGSOUND src = "music.mid" loop = 3 >< a href = "music.mid">配音</a>
    </BODY >
</HTML >
```

2. 利用超级链接播放的声音文件

代码实例 2-33:

```
< HTML >
    < BODY >
        < A href = "music.mid">配音</A>
    </BODY >
</HTML >
```

3. 利用<EMBED>标记播放的声音文件

<EMBED>标记用于播放声音和影像。声音文件可以是.wav 文件或.mid 文件;影像可以是.mpg 文件或.avi 文件。

基本语法:

```
< EMBED src = "文件名" width = " " height = " " controls = " ">
```

语法说明:src 为插入文件的路径或 URL 地址;Autostart 为 true 时自动播放;Loop 为 true 时自动循环播放;Volume 取值为 0～100;Controls 可以选择 playbutton、 pausebutton、stopbutton 或 volumelever。当将 Autostart 属性设置为 true 时,则在打开页面时自动播放声音。

代码实例 2-34:

```
< HTML >
    < BODY >
        < P >< CENTER >< FONT size = 1 color = "red">< B >
            < EMBED src = "Tj.mid" volume = "100"> </EMBED >
        </B></FONT></CENTER>< BR >< P >
    </BODY >
</HTML >
```

在浏览器中的显示结果如图 2-10 所示。

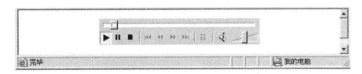

图 2-10   <EMBED>标记

2.9.2   网页中加入影像

网页中加入影像通常用两种方法:一是直接用超级链接;二是使用<EMBED>标记。

1. 直接用超级链接

代码实例 2-35:

```
< HTML >
    < BODY >
        < A href = "主楼外景 2.mpg">学校介绍</A>
    </BODY >
</HTML >
```

2. 在网页中嵌入影像

使用<EMBED>标记可以在网页中嵌入影像,影像可以是.mpg 或 avi 文件。

代码实例 2-36:

```
< HTML >
    < BODY background = "r6c.gif" link = "＃0000FF" vlink = "＃9900FF" alink = "＃0000FF">
    < CENTER >< FONT size = 6 color = ＃ff0000>< B >序言</B></FONT>< P >
        < IMG SRC = "bar1.gif" width = 300 height = 3 ></CENTER >< P >
```

```
    < CENTER >
        < TABLE cellpadding = 10 >
            < TR >
                < TD width = 300 bgcolor = "＃fff0ff"><P><FONT size = "3" color = "＃0000ff">
    <b>同学们！从现在开始我们一起学习 Web 网页设计技术。同学们可能已
在 WWW 网上遨游过,浏览过许多五彩缤纷的网页。网页上丰富的信息、生动的画面、快捷的信息获取,
简便的浏览方式,使你流连忘返,叹为观止,不由自主会产生编写自己的网页、在网上冲浪、将自己的
作品送向世界的强烈愿望。本课程学习的 HTML 语言就是一种设计 Web 网页的网络应用语言,它提供
了建立 Web 网页的机制,使你能很方便地进行网页设计。让我们一起轻松、愉快的学习如何设计自己
的网页吧!请观看下一页。</B></FONT><P>
                < TD width = 200 > < EMBED src = "主楼外景 2.mpg"></TD>
            </TR>
        </TABEL >
    </CENTER>
    < CENTER >< IMG src = "bar1.gif" width = 300 height = 3 ></CENTER><P><P>
    < CENTER >< FONT size = 4 >< A href = "../start.html"><前一页></A></FONT>
            < FONT size = 4 >< A href = "kj002.html"><次一页></A></FONT>
    </CENTER >
</BODY>
</HTML>
```

显示结果如图 2-11 所示。

图 2-11   在网页中插入视频的显示结果

第 3 章　Web 页面开发基础

3.1　JavaScript 技术

3.1.1　JavaScript 语言概述

　　网页制作的基础语言是 HTML,它只是一种基本的标记语言,使用各种 HTML 标签编排网页内容,但在一般情况下只能用它显示内容,面对当前多姿多彩的复杂页面和部分逻辑业务的需求,HTML 就力所不能及了。这时就需要使用 Script 语言,而最为常用的便是 JavaScript 了。

　　JavaScript 语言是基于对象和事件驱动的解释型脚本语言,写好的代码段可直接嵌入 HTML 页面,成为页面的一部分。可以利用它编写客户端的脚本程序并由 Web 浏览器解释执行,所以它具有在客户端运行的优势,反应速度快、在单纯运行 JavaScript 时可以实现页面不刷新。它还是基于对象的语言,能够应用自己已经创建的对象,有利于功能的扩展。我们经常使用 JavaScript 编写具有验证功能的代码,实现在表单数据提交服务器端之前就对其进行合理性验证,成为客户端的表单数据验证规则。

　　Web 应用开始就面临着平台差异的问题,由于 JavaScript 依赖于浏览器本身,与操作环境无关,只要有能运行浏览器的计算机,并有支持 JavaScript 的浏览器就可以运行了,这就使 JavaScript 具备了良好的跨平台性。安全性也是 Web 应用的重点话题,JavaScript 语言在这个方面做了很多牺牲,对一些功能做了较严格的限制,它不允许访问本地磁盘,只能通过浏览器实现信息浏览或动态交互,可以有效防止数据的丢失。

　　JavaScript 语言的语法简单易用,学习它并不需要太多的准备知识,这也成为了 JavaScript 占领广阔市场的重要原因之一。

1. JavaScript 与 Java 的区别

　　由于 JavaScript 语言名字的关系,初学者常把它认为是 Java 的某种延伸产品,其实它们是不同公司的产品,分别由不同的前身语言发展而来,下面总结一下两者的区别。

1) 基于对象和面向对象

Java 是一种真正的面向对象的语言,即使是开发简单的程序,必须设计对象。

JavaScript 是种脚本语言,它可以用来制作与网络无关的,与用户交互作用的复杂软件。它是一种基于对象(Object Based)和事件驱动(Event Driver)的编程语言。因而它本身提供了非常丰富的内部对象供设计人员使用。

2) 解释和编译

两种语言在其浏览器中所执行的方式不一样。Java 的源代码在传递到客户端执行之前,必须经过编译,因而客户端上必须具有相应平台上的仿真器或解释器,它可以通过编译器或解释器实现独立于某个特定的平台编译代码的束缚。JavaScript 是一种解释性编程语言,其源代码在发往客户端执行之前不需经过编译,而是将文本格式的字符代码发送给客户端由浏览器解释执行。

3) 强变量和弱变量

两种语言所采取的变量是不一样的。Java 采用强类型变量检查,即所有变量在编译之前必须做声明。如 Integer x; String y; x=1234; x=4321;其中 x=1234 说明是一个整数,y=4321 说明是一个字符串。

JavaScript 中变量声明,采用其弱类型。即变量在使用前不需做声明,而是解释器在运行时检查其数据类型,如 x=1234; y="4321";前者说明 x 为其数值型变量,而后者说明 y 为字符型变量。

4) 代码格式不一样

Java 是一种与 HTML 无关的格式,必须通过像在 HTML 中引用外媒体那样进行装载,其代码以字节代码的形式保存在独立的文档中。JavaScript 的代码是一种文本字符格式,可以直接嵌入 HTML 文档中,并且可动态装载。编写 HTML 文档就像编辑文本文件一样方便。

5) 嵌入方式不一样

在 HTML 文档中,两种编程语言的标识不同,JavaScript 使用<Script>……</Script>来标识,而 Java 使用<applet>……</applet>来标识。

6) 静态联编和动态联编

Java 采用静态联编,即 Java 的对象引用必须在编译时的进行,以使编译器能够实现强类型检查。JavaScript 采用动态联编,即 JavaScript 的对象引用在运行时进行检查,如不经编译则就无法实现对象引用的检查。

2. JavaScript 脚本的运行环境

JavaScript 代码运行的环境就是浏览器,像 Netscape Navigator 和 Internet Explorer 这样的 Web 浏览器可以解释嵌入 HTML 页面的 JavaScript 语句,当浏览器需求这样的页的时候,服务器将会将整个文档的内容(包括 HTML 和 JavaScript 语句)通过网络发送到客户端。浏览器从头到尾阅读页面,显示 HTML 结果并同时执行 JavaScript 语句。需要注意的是,不同的浏览器甚至相同浏览器不同的版本对 JavaScript 的支持程度不完全相同。

3. JavaScript 代码的基本结构

下面通过一个简单的示例来说明 JavaScript 代码的基本结构。先新建一个名为 myscript1.html 的文档。

代码实例 3-1:

```
< HTML >
    < BODY >
        < SCRIPT language = "JavaScript">
            document.write("第一个 JavaScript 程序诞生了!< br >");
            alert("好好学习吧!");
        </SCRIPT >
    </BODY >
</HTML >
```

"第一个 JavaScript 程序"的运行结果如图 3-1 所示。

图 3-1　第一个 JavaScript 程序

JavaScript 代码由<Script Language ="JavaScript">……</Script>标识,在两个标记之间可加入 JavaScript 代码段。这里的 document.write()用来输出内容到浏览器用于显示,可以是字符串,也可以是数字。alert()是 JavaScript 的窗口对象方法,其功能是弹出一个具有 OK 对话框并显示()中的字符串。JavaScript 以</Script>标签结束。

如果浏览器不支持 JavaScript,通常会将 JavaScript 程序代码当作网页内容在浏览器显示出来,为了避免这种情况,可以使用 HTML 标记语言的批注文字隐藏程序代码,比如把上面的程序改为如下形式。

代码实例 3-2：

```
<HTML>
    <BODY>
        <SCRIPT language = "JavaScript">
            <!-- document.write("第一个 JavaScript 程序诞生了!<br>");
                alert("好好学习吧!");  //-->
        </SCRIPT>
    </BODY>
</HTML>
```

这样就算使用旧版浏览器,代码也能正常运行,"<! —"和"//-->"之间的 JavaScript 代码也可以被隐藏,而不会直接显示在浏览器上。

4. 外部 JavaScript 文件

由于 JavaScript 包含了部分逻辑,从代码分离的角度考虑,如果 JavaScript 代码直接混合在网页中是不合理的,可以将 JavaScript 代码分离出来,存放于网页之外的 JavaScript 程序文件,然后在网页中引用这个外部文件中的 JavaScript 代码。沿着这个思路继续改造刚才的代码,将 JavaScript 代码存放在一个新建的 outpart.js 文件中:

代码实例 3-3：

```
document.write("第一个 JavaScript 程序诞生了!<br>");
alert("好好学习吧!");
```

myscript1.html 中的代码改为如下形式。

代码实例 3-4：

```
<HTML>
    <BODY>
        <script src = "outpart.js"></script>
    </BODY>
</HTML>
```

<script src="outpart.js"></script>的作用便是指定外部 JavaScript 程序文件的路径。修改后的程序运行效果和之前相同。

3.1.2 JavaScript 基本语法

基本语法：

<语句>;

语法说明： 分号";"是 JavaScript 语言作为一个语句结束的标识符。虽然现在很多浏览器都允许用回车充当结束符号,培养用分号作结束的习惯仍然是很好的。语句块是用大括号"{ }"括起来的一个或 n 个语句。在大括号里边是几个语句,但是在大括号外边,语句

块是被当作一个语句的。语句块是可以嵌套的,也就是说,一个语句块里边可以再包含一个或多个语句块。

1. JavaScript 中的变量

1) 变量的声明

JavaScript 中的变量的命名要注意只包含字母、数字和"/"或下划线,要以字母开头,不能太长,不能与 JavaScript 保留字(所有用来做 JavaScript 命令的字都是保留字)重复。变量名称区分大小写,例如,variable 和 Variable 是两个不同的变量。而且大部分命令和"对象"都是区分大小写的。给变量命名也最好避免用单个字母"a"、"b"、"c"等,而改用能清楚表达该变量在程序中的作用的词语。这样,不仅别人能更容易地了解程序,而且在以后要修改程序的时候,也很快会记得该变量的作用,有利于增强程序的可读性。变量名一般用小写,如果是由多个单词组成的,那么第一个单词用小写,其他单词的第一个字母用大写。例如:myVariable 和 myAnotherVariable。这样做仅仅是为了美观和易读,因为 JavaScript 一些命令(以后将更具体地说明"命令"一词)都是用这种方法命名的,如 indexOf、charAt 等。

变量需要先被声明,没有声明的变量不能使用。

基本语法:

var <变量> [= <值>];

语法说明:var 关键字用作声明变量。最简单的声明方法就是"var <变量>;",这将为<变量>准备内存,给它赋初始值 null。如果加上"= <值>",则给<变量>赋予自定的初始值<值>。

2) 数据类型

JavaScript 是弱类型的,所以初学者常误认为它的数据类型是单一的,其实不然,它也有丰富的数据类型。常用的数据类型包括:

(1) 整型。只能储存整数。可以是正整数、0、负整数,可以是十进制、八进制、十六进制。八进制数的表示方法是在数字前加"0",如"0123"表示八进制数"123"。十六进制则是加"0x"。"0xEF"表示十六进制数"EF"。

(2) 浮点型。即"实型",能储存小数。有资料显示,某些平台对浮点型变量的支持不稳定。没有需要就不要用浮点型。

(3) 字符串型。用引号""""、"'"包起来的零个至多个字符。用单引号还是双引号由你决定。用哪个引号开始就用哪个结束,而且单双引号可嵌套使用。

(4) 转义字符。由于一些字符在屏幕上不能显示,或者 JavaScript 语法上已经有了特殊用途,在要用这些字符时,就要使用"转义字符"。转义字符用斜杠\ 开头,\' 单引号,\" 双引号,\n 换行符,\r 回车(以上只列出常用的转义字符)。使用转义字符可以做到引号多重嵌套,如'Micro 说:"这里是\"JavaScript 教程\"。"'。

(5) 布尔型。常用于判断,只有两个值可选:true(表示"真")和 false(表示"假")。true 和 false 是 JavaScript 的保留字。它们属于"常数"。

另外变量还能是对象类型的。

JavaScript 对数据类型的要求不严格,一般来说,声明变量的时候不需要声明类型。而且就算声明了类型,在过程中还可以给变量赋予其他类型的值。声明类型可以用赋予初始值的方法做到。如"var aString = '';"将把 aString 定义为具有空值的字符串型变量;"var anInteger = 0;"可把 anInteger 定义值为 0 的整型。变量的赋值一个变量声明后,可以在任何时候对其赋值。

基本语法:

<变量> = <表达式>;

语法说明:"="叫"赋值符",它的作用是把右边的值赋给左边的变量。

JavaScript 常用的常数包括如下。

(1) null:一个特殊的空值。当变量未定义,或者定义之后没有对其进行任何赋值操作,它的值就是 null。企图返回一个不存在的对象时也会出现 null 值。

(2) true:布尔值"真"。

(3) false:布尔值"假"。

3)表达式与操作符

表达式与数学中的定义相似,是指具有一定的值的、用运算符把常数和变量连接起来的代数式。一个表达式可以只包含一个常数或一个变量。JavaScript 操作符如表 3-1 所示。

表 3-1　JavaScript 中的操作符

分类	操作符	描　　述
算术 操作符	＋	(加法)将两个数相加
	＋＋	(自增)将表示数值的变量加 1(可以返回新值或旧值)
	－	(求相反数,减法)作为求相反数操作符时返回参数的相反数,作为二进制操作符时,将两个数相减
	－－	(自减)将表示数值的变量减 1(可以返回新值或旧值)
	＊	(乘法)将两个数相乘
	/	(除法)将两个数相除
	％	(求余)求两个数相除的余数
字符串 操作符	＋	(字符串加法)连接两个字符串
	＋＝	连接两个字符串,并将结果赋给第一个字符串
逻辑 操作符	&&	(逻辑与)如果两个操作数都是真的话则返回真,则返回假
	‖	(逻辑或)如果两个操作数都是假的话则返回假,否则返回真
	!	(逻辑非)如果其单一操作数为真,则返回假,否则返回真
位 操作符	&	(按位与)如果两个操作数对应位都是 1,该位返回 1
	^	(按位异或)如果两个操作数对应位只有一个 1,该位返回 1
	|	(按位或)如果两个操作数对应位都是 0,该位返回 0
	~	(求反)反转操作数的每一位
	<<	(左移)将第一操作数的二进制形式的每一位向左移位,所移位的数目由第二操作数指定,右面的空位补零
	>>	(算术右移)将第一操作数的二进制形式的每一位向右移位,所移位的数目由第二操作数指定,忽略被移出的位
	>>>	(逻辑右移)将第一操作数的二进制形式的每一位向右移位,所移位的数目由第二操作数指定,忽略被移出的位,左面的空位补零

续表

分类	操作符	描　　述
赋值 操作符	=	将第二操作数的值赋给第一操作数
	+=	将两个数相加,并将和赋给第一个数
	-=	将两个数相减,并将差赋给第一个数
	*=	将两个数相乘,并将积赋给第一个数
	/=	将两个数相除,并将商赋给第一个数
	%=	计算两个数相除的余数,并将余数赋给第一个数
	&=	执行按位与,并将结果赋给第一个操作数
	^=	执行按位异或,并将结果赋给第一个操作数
	|=	执行按位或,并将结果赋给第一个操作数
	<<=	执行左移,并将结果赋给第一个操作数
	>>=	执行算术右移,并将结果赋给第一个操作数
	>>>=	执行逻辑右移,并将结果赋给第一个操作数
比较 操作符	==	如果操作数相等,则返回真
	!=	如果操作数不相等,则返回真
	>	如果左操作数大于右操作数,则返回真
	>=	如果左操作数大于等于右操作数,则返回真
	<	如果左操作数小于右操作数,则返回真
	<=	如果左操作数小于等于右操作数,则返回真
特殊 操作符	?:	执行一个简单的 if…else…语句
	,	计算两个表达式,返回第二个表达式的值
	delete	允许删除一个对象的属性或数组中指定的元素
	new	允许创建一个用户自定义对象类型或内建对象类型的实例
	this	可用于引用当前对象的关键字
	typeof	返回一个字符串,表明未计算的操作数的类型
	void	该操作符指定了要计算一个表达式但不返回值

一些用来赋值的表达式,由于有返回的值,可以加以利用。例如语句：a = b = c = 10,可以一次对 3 个变量赋值。需要注意的是。这些符号的使用是有优先级的,如果在运用时不确定优先级的顺序,可以用括号( )。例如语句：(a == 0)||(b == 0)。

2. 基本语句

1）注释

JavaScript 的注释在运行时是被忽略的。注释只给程序员提供消息。JavaScript 注释有两种,分别是单行注释和多行注释。单行注释用双反斜杠"//"表示。当一行代码有"//",那么,"//"后面的部分将被忽略。而多行注释是用"/*"和"*/"括起来的一行到多行文字。程序执行到"/*"处,将忽略以后的所有文字,直到出现"*/"为止。

2）if 语句
基本语法：
if (<条件>) <语句 1> [else <语句 2>];

语法说明：if 只是一条语句，不会返回数值。<条件>是布尔值，必须用小括号括起来；<语句 1>和<语句 2>都只能是一个语句，如果使用多条语句，要用语句块。

代码实例 3-5：

```
if (a == 1)
    if (b == 0) alert(a + b);
    else
    alert(a - b);
```

代码实例 3-5 试图用缩进的方法说明 else 是对应 if（a==1）的。实际上，由于 else 与 if（b == 0）最相近，代码并不能按上述计划运行。正确的代码如代码实例 3-6。

代码实例 3-6：

```
if (a == 1) {
  if (b == 0) alert(a + b);
} else {
  alert(a - b);
}
```

如果一行代码太长，或者涉及比较复杂的嵌套，可以考虑用多行文本，如上例，if(a==1)后面没有立即写上语句，而是换行再继续写。浏览器不会混淆的，当它们读完一行，发现是一条未完成语句，它们会继续往下读。使用缩进也是很好的习惯，当一些语句与上面的一两条语句有从属关系时，使用缩进能使程序更易读，方便程序员进行编写或修改工作。

3）循环体

基本语法：

```
for (<变量> = <初始值>; <循环条件>; <变量累加方法>) <语句>;
```

语法说明：作用是重复执行<语句>，直到<循环条件>为 false 为止。它首先给<变量>赋<初始值>，然后 * 判断<循环条件>（应该是一个关于<变量>的条件表达式）是否成立，如果成立就执行<语句>，然后按<变量累加方法>对<变量>作累加，回到" * "处重复，如果不成立就退出循环。

代码实例 3-7：

```
for (i = 1; i < 10; i++)
    document.write(i);
```

代码实例 3-7 先给 i 赋初始值 1，然后执行 document. write(i)语句，重复时 i++，也就是把 i 加 1；循环直到 i<10 不满足，即 i>=10 时结束。结果是在文档中输出了"123456789"。和 if 语句一样，<语句>只能是一行语句，如果想用多条语句，则需要用语句块。与其他语言不同，JavaScript 的 for 循环没有规定循环变量每次循环一定要加 1 或减 1，<变量累加方法>可以是任意的赋值表达式，如 i+=3、i * =2 等都成立。

除了 for 循环，JavaScript 还提供 while 循环。

基本语法：

while (<循环条件>) <语句>;

语法说明：作用是当满足<循环条件>时执行<语句>。while 循环的累加性质没有 for 循环强。<语句>也只能是一条语句，但是一般情况下都使用语句块，因为除了要重复执行某些语句之外，还需要一些能变动<循环条件>所涉及的变量的值的语句，否则一旦踏入此循环，就会因为条件总是满足而一直困在循环里面，不能出来。

有时候在循环体内，需要立即跳出循环或跳过循环体内其余代码而进行下一次循环，这时就可以用 break 和 continue 了。Break 语句放在循环体内，作用是立即跳出循环而 continue 语句也放在循环体内，作用是中止本次循环，并执行下一次循环。如果循环的条件已经不符合，就跳出循环。

代码实例 3-8：

```
for (i = 1; i < 10; i++) {
    if (i == 3 || i == 5 || i == 8) continue;
        document.write(i);
    }
```

结果输出：124679。

如果要把某些数据分类，可以使用 switch 语句。例如，要把学生的成绩按优、良、中、差分类，可能会用 if 语句。

代码实例 3-9：

```
if (score >= 0 && score < 60)
    { result = 'fail';}
    else if (score < 80)
      { result = 'pass';}
      else if (score < 90)
         { result = 'good';}
         else if (score <= 100)
            { result = 'excellent';}
            else { result = 'error'; }
```

程序看起来没有问题，但可读性较差，可以用 switch 语句替换。

代码实例 3-10：

```
switch (parseInt(score / 10)) {
case 5: result = 'fail';  break;
case 6: case 7:  result = 'pass';  break;
case 8: result = 'good';  break;
case 9: result = 'excellent';  break;
default: if (score == 100)
                result = 'excellent';
            else
                result = 'error';
}
```

其中 parseInt() 方法的作用是取整。如果 switch() 中的条件不符合各种 case 的情况，则会执行"default:"后的语句。

3.1.3 JavaScript 内置对象和方法

JavaScript 语言是基于对象的(Object-Based)的语言，能够将变量和相关处理函数封装成为对象。对象属于 JavaScript 最重要的元素。对象其实就是一个数据和处理数据函数的综合体，不用考虑对象内部的处理方式，将其视为一个黑盒子，只需知道对象提供哪些属性和方法，以及怎样使用它们就可以了。

1. 字符串对象

String 字符串对象是静态性的，引用该对象的属性或方法时不需要为它创建实例。直接赋值是声明一个字符串对象最简单也是最常用的方法。字符串对象的属性只有一个，即 length。它表明了字符串中的字符个数，例如：

mystr = "This is a JavaScript" mystrlength = mytest.length

最后 mystringlength 返回 mytest 字串的长度为 20。

字符串对象的方法如表 3-2 所示。

表 3-2 字符串对象的方法

方法 1	**charAt()**
说明	<字符串对象>.charAt(<位置>);返回该字符串位于第<位置>位的单个字符。注意：字符串中的一个字符是第 0 位的,第二个才是第 1 位的,最后一个字符是第 length － 1 位的
方法 2	**charCodeAt()**
说明	<字符串对象>.charCodeAt(<位置>);返回该字符串位于第<位置>位的单个字符的 ASCII 码
方法 3	**fromCharCode()**
说明	String.fromCharCode(a, b, c,…);返回一个字符串,该字符串每个字符的 ASCII 码由 a,b, c,…等来确定
方法 4	**indexOf()**
说明	<字符串对象>.indexOf(<另一个字符串对象>[,<起始位置>]);该方法从<字符串对象>中查找<另一个字符串对象>(如果给出<起始位置>就忽略之前的位置),如果找到了,就返回它的位置,没有找到就返回－1。所有的"位置"都是从零开始的
方法 5	**lastIndexOf()**
说明	<字符串对象>.lastIndexOf(<另一个字符串对象>[,<起始位置>]);跟 indexOf() 相似,不过是从后边开始找
方法 6	**split()**
说明	<字符串对象>.split(<分隔符字符>);返回一个数组,该数组是从<字符串对象>中分离开来的,<分隔符字符>决定了分离的地方,它本身不会包含在所返回的数组中。例如：'1&2&345&678'.split('&')返回数组：1,2,345,678

续表

方法 7	**substring**()
说明	<字符串对象>.substring(<始>[,<终>]);返回原字符串的子字符串,该字符串是原字符串从<始>位置到<终>位置的前一位置的一段。<终>-<始>=返回字符串的长度(length)。如果没有指定<终>或指定得超过字符串长度,则子字符串从<始>位置一直取到原字符串尾。如果所指定的位置不能返回字符串,则返回空字符串
方法 8	**substr**()
说明	<字符串对象>.substr(<始>[,<长>]);返回原字符串的子字符串,该字符串是原字符串从<始>位置开始,长度为<长>的一段。如果没有指定<长>或指定得超过字符串长度,则子字符串从<始>位置一直到原字符串尾。如果所指定的位置不能返回字符串,则返回空字符串
方法 9	**toLowerCase**()
说明	<字符串对象>.toLowerCase();把原字符串所有大写字母变成小写,并返回
方法 10	**toUpperCase**()
说明	<字符串对象>.toUpperCase();把原字符串所有小写字母变成大写,并返回

2. Date 日期时间对象

Date 日期时间对象提供一个有关日期和时间的对象。动态性,即必须使用 New 运算符创建一个实例。例如,MyDate=New Date() Date 对象没有提供直接访问的属性。只具有获取和设置日期和时间的方法。

获取日期的时间方法如表 3-3 所示。

表 3-3 获取日期的时间方法

方　　法	说　　明	方　　法	说　　明
getYear()	返回年数	getMonth()	返回当月号数
getDate()	返回当日号数	getDay()	返回星期几
getHours()	返回小时数	getMintes()	返回分钟数
getSeconds()	返回秒数	getTime()	返回毫秒数

设置日期的时间方法如表 3-4 所示。

表 3-4 设置日期的时间方法

方　　法	说　　明	方　　法	说　　明
setYear()	设置年	setDate()	设置当月号数
setMonth()	设置当月份数	setHours()	设置小时数
setMintes()	设置分钟数	setSeconds()	设置秒数
setTime()	设置毫秒数		

3. Array 数组对象

使用 Array 对象声明数组并赋值有以下 3 种方式:

1）var variable ＝ new Array();

使用该构造函数创建的数组长度是 0。当具体为其指定数组元素时,JavaScript 将自动延长数组的长度。例如:以下这段源代码表示新建一个数组 size,将数组中的第 11 个元素赋值"43inch",其余 10 个数组元素的值为空值。

```
size = new Array();
size[10] = "43inch";              // JavaScript 数组下标从 0 开始编号。
```

2）var variable ＝ new Array(int);

使用该构造函数可以创建一个包含 int ＋ 1 个元素的数组,但是没有指定具体的元素。同样,在具体指定数组元素时,数组的长度可以动态更改。例如:以下这段源代码表示新建一个包含 9 个元素的数组 color,然后指定数组的第 12 个元素为"白色",这时数组长度自动调整为 13。

```
var color = new Array(8);
color[12] = "white";
```

3）var variable ＝ new Array(arg1,arg2,......,argn);

使用该构造函数可以直接使用数组元素作为参数,数组的长度为 n,数组元素按照指定的顺序赋值。使用这种构造函数时,参数间必须使用逗号分隔开,并且不允许省略任何参数。例如:以下这段源代码表示新建一个数组元素分别为 1、2、3、4、5 的数组 a。

```
var a = new Array(1,2,3,4,5);
```

除了使用以上 3 个构造函数定义数组以外,还可以直接用［］运算符定义数组。例如:

```
var myArray = [0,1,2,3,4];
```

Array 对象的常用属性包括 length,表示数组中元素的个数;prototype,表示用于在 Array 对象中添加新的属性和方法。例如使用 prototype 来为 Array 对象增加新的方法(方法名为 clear,可以将数组清空)。

代码实例 3-11:

```
< HTML >
    < BODY >
        < SCRIPT language = "JavaScript">
            Array.prototype.clear = function()
            { this.length = 0; }
            var arr = new Array()
            arr[0] = "George"
            arr[1] = "John"
            arr[2] = "Thomas"
            document.write("Before clear:" + arr.toString())
            arr.clear();
            document.write("After clear:" + arr.toString())
        </SCRIPT >
    </BODY >
</HTML >
```

运行结果为：

`Before clear:George,John,ThomasAfter clear:`

Array 对象常用方法如表 3-5 所示。

表 3-5　Array 对象常用方法

方法	说　明
join()	＜数组对象＞.join(＜分隔符＞)；返回一个字符串,该字符串把数组中的各个元素串起来,用＜分隔符＞置于元素与元素之间。这个方法不影响数组原本的内容
reverse()	＜数组对象＞.reverse()；使数组中的元素顺序反过来。如果对数组[1，2，3]使用这个方法,它将使数组变成：[3，2，1]
slice()	＜数组对象＞.slice(＜始＞[，＜终＞])；返回一个数组,该数组是原数组的子集,始于＜始＞,终于＜终＞。如果不给出＜终＞,则子集一直取到原数组的结尾
sort()	＜数组对象＞.sort([＜方法函数＞])；使数组中的元素按照一定的顺序排列。如果不指定＜方法函数＞,则按字母顺序排列。在这种情况下,80 比 9 排得靠前。如果指定＜方法函数＞,则按＜方法函数＞所指定的排序方法排序

4. 数学对象

Math 对象也是静态性的,它的常用属性如表 3-6 所示。

表 3-6　Array 对象常用方法

方　法	说　明
E	返回常数 e (3.718 281 828…)
LN2	返回 2 的自然对数 (ln 2)
LN10	返回 10 的自然对数 (ln 10)
LOG2E	返回以 2 为底的 e 的对数 (log2e)
LOG10E	返回以 10 为底的 e 的对数 (log10e)
PI	返回 π(3.141 592 653 5…)
SQRT1_2	返回 1/2 的平方根
SQRT2	返回 2 的平方根

Math 对象的常用方法如表 3-7 所示。

表 3-7　Math 对象常用方法

方　法	说　明	方　法	说　明
sin()	正弦值	cos()	余弦值
asin()	反正弦	acos()	反余弦
tan()	正切	atan()	反正切
abs()	绝对值	round()	四舍五入
sqrt()	平方根	pow(base,exponent)	基于几方次的值

3.2 DOM 操作技巧

3.2.1 DOM 概述

浏览器对象模型用于描述某些对象与对象之间层次关系的模型,该对象模型提供了独立于内容的、可以与浏览器窗口进行互动的对象结构,也叫做 BOM(Browser Object Mode)。使用浏览器的内部对象系统,可实现与 HTML 文档进行交互。它的作用是将相关元素组织包装起来,提供给程序设计人员使用,从而减轻编程人的劳动,提高设计 Web 页面的能力。编程人员利用这些对象,可以对 WWW 浏览器环境中的事件进行控制并做出处理。在 JavaScript 中提供了非常丰富的内部方法和属性,从而减轻了编程人员的工作,提高编程效率。这正是基于对象与面向对象的根本区别所在。浏览器对象常用成员有:

(1)浏览器对象(Navigator)——提供有关浏览器的信息。

(2)窗口对象(Windows)——处于对象层次的最顶端,它提供了处理 Navigator 窗口的方法和属性。

(3)位置对象(Location)——提供了与当前打开的 URL 一起工作的方法和属性,它是一个静态的对象。

(4)历史对象(History)——提供了与历史清单有关的信息。

(5)文档对象(Document)——包含了与文档元素(elements)一起工作的对象,它将这些元素封装起来供编程人员使用。

在这些对象系统中,文档对象属于非常重要的,它位于最低层,但对于实现 Web 页面信息交互起着关键作用,因而它是对象系统的核心部分。

3.2.2 Navigator 对象

Navigator 浏览器对象反映了当前使用的浏览器的信息。JavaScript 客户端运行时刻引擎自动创建 navigator 对象。它的常用属性包括:

(1)appCodeName——返回浏览器的程序代码名称,IE 返回 Mozilla。例如:

```
document.write("navigator.appCodeName 的值是 " + navigator.appCodeName)
```

(2)appName——返回浏览器名。IE 返回"Microsoft Internet Explorer"。如:

```
document.write("navigator.appName 的值是 " + navigator.appName)
```

(3)appVersion——返回浏览器版本,包括了版本号、语言、操作平台等信息。

(4)language——语言。

(5)platform——返回浏览器的操作平台,对于 Windows 9x 上的浏览器,返回 Win32。

(6)userAgent——返回多项浏览器相关信息。

3.2.3 Windows 对象

Windows 对象是 JavaScript 中最大的对象,它描述的是一个浏览器窗口。一般要引用它的属性和方法时,不需要用"window.xxx"这种形式,而直接使用"xxx"。一个框架页面也是一个窗口。

window 窗口对象常用属性如表 3-8 所示。

表 3-8 window 窗口对象常用属性

方法	说 明
status	窗口下方的"状态栏"所显示的内容,调整 status 赋值可改变状态栏的显示
opener	Window. opener,返回打开本窗口的父窗口对象
self	指窗口本身,它返回的对象跟 window 对象是一样的。常用"self. close()",放在<a>标记中,如:<a href="JavaScript:self. close()">关闭窗口</a>
parent	返回窗口所属的框架页对象
top	返回占据整个浏览器窗口的最顶端的框架页对象
history	历史对象
location	地址对象
document	文档对象

window 窗口对象的常用方法如表 3-9 所示。

表 3-9 window 窗口对象的常用方法

方 法	说 明			
open()	**基本语法**:open(<URL 字符串>, <窗口名称字符串>, <参数字符串>);			
	语法说明:打开一个窗口,<URL 字符串>描述所打开的窗口打开哪一个网页。<窗口名称字符串>描述被打开的窗口的名称(window. name),可以使用'_top'、'_blank'等内建名称,这里的名称与<a href="..." target="...">中的 target 属性是一样的。<参数字符串>描述被打开的窗口的样貌			
	width	窗口的宽度	top	窗口顶部离开屏幕顶部像素数
	height	窗口的高度	left	窗口左端离开屏幕左端像素数
	menubar	窗口是否有菜单	toolbar	窗口是否有工具条
	location	窗口是否有地址栏	directories	窗口是否有连接区
	scrollbars	窗口是否有滚动条	status	窗口是否有状态栏
	resizable	窗口是否调整大小		
blur()	使焦点从窗口移走,窗口变为"非活动窗口"			
focus()	窗口获得焦点,变为"活动窗口"			
scrollTo()	[<窗口对象>.]scrollTo(x, y);使窗口滚动,使文档从左上角数起的(x, y)点滚动到窗口的左上角			
scrollBy()	[<窗口对象>.]scrollBy(deltaX, deltaY);使窗口向右滚动 deltaX 像素,向下滚动 deltaY 像素。如果取负值,则向相反的方向滚动			
resizeTo()	[<窗口对象>.]resizeTo(width, height);使窗口调整大小到宽 width 像素,高 height 像素			

方　法	说　　　　明
resizeBy()	[<窗口对象>.]resizeBy(deltaWidth,deltaHeight)；使窗口调整大小，宽增大 deltaWidth 像素，高增大 deltaHeight 像素。如果取负值，则减少
alert()	alert(<字符串>)；弹出一个只包含"确定"按钮的对话框，显示<字符串>的内容，整个文档的读取、Script 的运行都会暂停，直到用户单击"确定"按钮
confirm()	confirm(<字符串>)；弹出一个包含"确定"和"取消"按钮的对话框，显示<字符串>的内容，要求用户做出选择，整个文档的读取、Script 的运行都会暂停。用户单击"确定"按钮，则返回 true 值，如果单击"取消"按钮，则返回 false 值
prompt()	prompt(<字符串>[,<初始值>])；弹出一个包含"确认"、"取消"和一个文本框的对话框，显示<字符串>的内容，要求用户在文本框输入一些数据，整个文档的读取、Script 的运行都会暂停。用户单击"确认"按钮，则返回文本框里已有的内容，如果用户单击"取消"按钮，则返回 null 值。如果指定<初始值>，则文本框里会有默认值

window 窗口对象事件如表 3-10 所示。

表 3-10　window 窗口对象事件

属　　性	说　　　　明
window.onload	发生在文档全部下载完毕的时候，全部下载完毕不但 HTML 文件，而且包含的图片，插件，控件，小程序等全部内容都下载完毕。在 HTML 中指定事件处理程序的时候，把它写在<body>标记中
window.onunload	发生在用户退出文档(或者关闭窗口，或到另一个页面去)的时候，把它写在<body>标记中
window.onresize	发生在窗口被调整大小的时候
window.onblur	发生在窗口失去焦点的时候
window.onfocus	发生在窗口得到焦点的时候
window.onerror	发生在错误发生的时候。它的事件处理程序通常就叫做"错误处理程序"(Error Handler)，用来处理错误

代码实例 3-12：忽略一切错误。

```
function ignoreError() {
    return true;  }
window.onerror = ignoreError;
```

3.2.4　History 对象

JavaScript 中的 History 历史对象包含了用户已浏览的 URL 的信息，是指历史对象指浏览器的浏览历史。鉴于安全性的需要，该对象收到很多限制。History 历史对象有 length 属性，列出历史的项数。JavaScript 所能管到的历史被限制在用浏览器的"前进"、"后退"键可以去到的范围。

History 历史对象常用方法如表 3-11 所示。

表 3-11　History 历史对象常用方法

方　　法	说　　明
back()	后退,与按下"后退"键是等效的
forward()	前进,与按下"前进"键是等效的
go()	history. go(x),在历史的范围内去到指定的一个地址；如果 x<0,则后退 x 个地址；如果 x>0,则前进 x 个地址；如果 x==0,则刷新现在打开的网页。history. go(0)与 location. reload()是等效的

3.2.5　location 对象

location 地址对象描述的是某一个窗口对象所打开的地址。要表示当前窗口的地址,只需要使用"location"就行了,若要表示某一个窗口的地址,就使用"<窗口对象>. location"。location 包含了关于当前 URL 的信息,描述了与一个给定的 window 对象关联的完整 URL,其每个属性都描述了 URL 的不同特性。下面介绍 URL 格式。

基本语法:

协议//主机:端口/路径名称♯哈希标识?搜索条件

语法说明: URL 格式各部分含义如表 3-12 所示。

表 3-12　URL 格式各部分含义

方　　法	说　　明
协议	是 URL 的起始部分,直到包含到第一个冒号
主机	描述了主机和域名,或者一个网络主机的 IP 地址
端口	描述了服务器用于通讯的通信端口
路径名称	描述了 URL 的路径方面的信息
哈希标识	描述了 URL 中的锚名称,包括哈希掩码(♯),此属性只应用于 HTTP 的 URL
搜索条件	描述了该 URL 中的任何查询信息,包括问号。此属性只应用于 HTTP 的 URL。"搜索条件"字符串包含变量和值的配对,每对之间由一个"&"连接

location 对象常用属性如表 3-13 所示。

表 3-13　location 对象常用属性

属　　性	说　　明
location	地址对象返回地址的协议,取值为 'http:'、'https:'、'file:' 等
hostname	返回地址的主机名
port	返回地址的端口号,一般 http 的端口号是 80
host	返回主机名和端口号
pathname	返回路径名
hash	返回地址中"♯"及以后的内容,如果地址里没有"♯",则返回空字符串
search	返回地址中"?"及以后的内容,如果地址里没有"?",则返回空字符串
href	返回整个地址,即在浏览器的地址栏上的显示地址。打开某地址可以使用 location. href = '...',也可以直接用 location = '...'

location 对象常用方法较少,包括 reload(),作用相当于按浏览器上的"刷新"(IE)或 Reload(Netscape)键。还有 replace()方法,作用是打开一个 URL,并取代历史对象中当前位置的地址,用这个方法打开一个 URL 后,按下浏览器的"后退"键将不能返回到刚才的页面。

3.2.6　document 对象

document 文档对象是核心内容,表示显示于窗口或框架内的一个文档,它所覆盖的范围是从页面的<head>标记到</body>标记之间。它常用的属性如表 3-14 所示。

表 3-14　document 对象常用属性

属　　性	说　　明
document. title	设置文档标题等价于 HTML 的<title>标签
document. bgColor	设置页面背景色
document. fgColor	设置前景色(文本颜色)
document. linkColor	未点击过的链接颜色
document. alinkColor	激活链接(焦点在此链接上)的颜色
document. vlinkColor	已点击过的链接颜色
document. URL	设置 URL 属性从而在同一窗口打开另一网页
document. fileCreatedDate	文件建立日期,只读属性
document. fileModifiedDate	文件修改日期,只读属性
document. fileSize	文件大小,只读属性
document. cookie	设置和读出 cookie
document. charset	设置字符集,简体中文 gb2312

document 对象常用方法如表 3-15 所示。

表 3-15　document 对象常用方法

属　　性	说　　明
document. write()	动态向页面写入内容
document. createElement(Tag)	创建一个 html 标签对象
document. getElementById(ID)	获得指定 ID(很多时候 NAME 也可以)值的对象,经常在进行页面元素内容验证时使用,获取的是单个页面元素
document. getElementsByName(Name)	获得指定 Name 值的对象,经常在进行页面元素内容验证时使用,获取多个页面元素
open()	打开文档以便 JavaScript 能向文档的当前位置(指插入 JavaScript 的位置)写入数据
write() / writeln()	向文档写入数据,所写入的会当成标准文档 HTML 来处理。writeln()在写入数据以后会加一个换行
clear()	清空当前文档
close()	关闭文档,停止写入数据。如果用了 writeln()或 clear()方法,就要用 close()方法来保证所做的更改能够显示出来

代码实例 3-13：

```
<HTML>
    <HEAD>
        <SCRIPT language = "JavaScript">
            function play1(){
                var strname = document.getElementById("NAME").value;      //获取姓名
                var objlike = document.getElementsByName("LIKE");          //获取爱好
                var strlike = "";
                for(i = 0;i < objlike.length;i++) {                        //通过循环取得两个复选框的对象
                            //如果该对象被选中了,那么将其值加入字符串
                    if(objlike[i].checked) {
                        strlike += objlike[i].value + " ";      }
                }
                alert("姓名: " + strname + " 爱好: " + strlike);             //显示收集信息
            }
        </SCRIPT>
    </HEAD>
    <BODY>
        姓名: <INPUT type = "text" name = " name " size = "20"><BR>
        爱好: <INPUT type = "checkbox" name = "like" value = "movie">Movie
              <INPUT type = "checkbox" name = "like" value = "book">Book
              <INPUT type = "checkbox" name = "like" value = "sport"> Sport <BR>
        请按下按钮: <INPUT type = "button" name = "OK" value = "显示内容"
                                            onclick = "play1();"><BR>
    </BODY>
</HTML>
```

程序运行后在页面输入数据,单击按钮后结果如图 3-2 所示。

代码实例 3-14：

```
<HTML>
    <HEAD>
        <SCRIPT language = "JavaScript">
            var win = open('','_blank','top = 200, left = 400, width = 300, height = 200,
menubar = no, toolbar = no, directories = no, location = no, status = no, resizable = no,
scrollbars = yes');
            win.document.write('<center><b>综合演示</b></center>');
            win.document.write('<p>我们已经学习了 JavaScript 的相关知识');
            win.document.write('<p>它的功能很强大.');
            win.document.write('<p align = "right">' + '<a href = "JavaScript:self.close()">
关闭窗口</a>');
            win.document.close();
        </SCRIPT>
    </HEAD>
    <BODY>
    </BODY>
</HTML>
```

当打开这个文件时,会在一个空窗体的基础上出现一个新窗体,如图 3-3 所示。

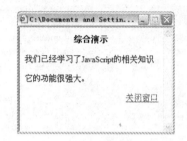

图 3-2　document 对象使用实例 1　　　　　　图 3-3　document 对象使用实例 2

3.3　Ext 开发技术

　　Ext JS 是一个优秀的 AJAX 框架,可以用来开发带有华丽外观的富客户端应用,使得 B/S 应用更加具有活力及生命力。Ext JS 是一个使用 JavaScript 编写,与后台技术无关的前端 UI 框架。因此,可以把 Ext JS 用在 .NET、J2EE、PHP 等各种基于 B/S 的富客户端应用中,还可以通过与其他开发框架的整合来完成更加绚丽的页面效果。

3.3.1　Ext JS 概述

　　Ext JS 是一个 AJAX 框架,使用 JavaScript 编写,用于在客户端创建丰富多彩的 Web 应用程序界面。它主要用来开发 RIA,即富客户端的 AJAX 应用,如图 3-4～图 3-7 是一些使用 Ext JS 开发的应用程序截图。

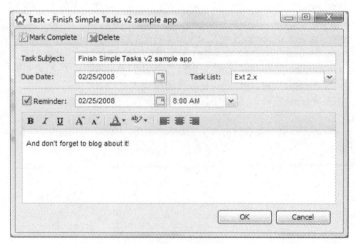

图 3-4　Ext JS 开发实例 1

82

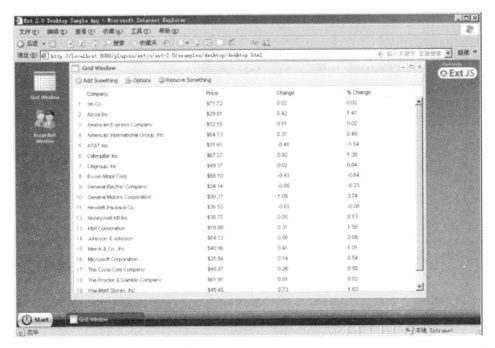

图 3-5　Ext JS 开发实例 2

图 3-6　Ext JS 开发实例 3

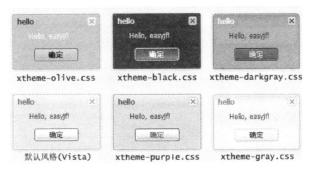

图 3-7　Ext JS 开发实例 4

Ext JS 最开始基于 YUI 技术，由开发人员 Jack Slocum 开发，通过参考 Java Swing 等机制来组织可视化组件，无论从 UI 界面上 CSS 样式的应用，到数据解析上的异常处理，都可算是一款不可多得的 JavaScript 客户端技术的精品。

3.3.2 开始 Ext JS

要使用 Ext JS，那么首先要得到 Ext JS 库文件，该框架是一个开源的，可以直接从官方网站下载，下载页面网址 http://extjs.com/products/extjs/download.php，如图 3-8 所示。

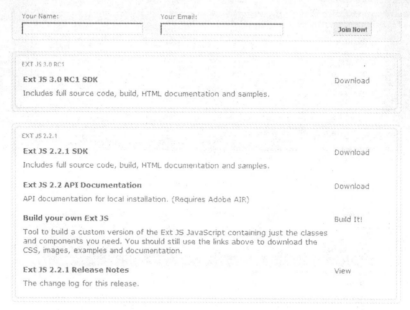

图 3-8　Ext JS 库文件下载页面

本书实例基于 Ext JS 3.3.1 版。下载完成后得到名为 ext-3.3.1.zip 的压缩包，解压缩后得到的目录结构如图 3-9 所示。

图 3-9　Ext JS 库文件 ext-3.3.1

Ext JS 解压缩后的目录结构如表 3-16 所示。

表 3-16　Ext JS 解压缩后的目录结构

目录内容	说　　明
adapter	负责将里面提供第三方底层库(包括 Ext 自带的底层库)映射为 Ext 所支持的底层库
build	压缩后的 Ext 全部源码(里面分类存放)
docs	API 帮助文档
exmaples	提供使用 ExtJs 技术做出的小实例
resources	Ext UI 资源文件目录,如 CSS、图片文件都存放在其中
source	无压缩 Ext 全部的源码(里面分类存放),遵从 Lesser GNU(LGPL)开源的协议
Ext-all.js	压缩后的 Ext 全部源码
ext-all-debug.js	无压缩的 Ext 全部的源码(用于调试)
ext-core.js	压缩后的 Ext 的核心组件,包括 sources/core 下的所有类
ext-core-debug.js	无压缩 Ext 的核心组件,包括 sources/core 下的所有类

3.3.3　应用 Ext JS

1. 前期准备

应用 Ext JS 需要在页面中引入 Ext JS 的样式及 Ext JS 库文件,样式文件为 resources/ css /extall.css。Ext JS 的 JS 库文件主要包含两个: adapter/ext/ext-base.js 及 ext-all.js, 其中 ext-base.js 表示框架基础库,ext-all.js 是 Ext JS 的核心库;adapter 表示适配器,即可以有多种适配器。因此,可以把 adapter/ext/ext-base.js 换成 adapter/jquery/ ext-jquery-adapter.js 或 adapter/prototype/ ext-prototype-adapter.js 等。因此,要使用 Ext JS 框架的页面中一般包括:

```
< SCRIPT type = "text/JavaScript" src = "extjs/adapter/ext/ext - base.js" />
< SCRIPT type = "text/JavaScript" src = "extjs/ext - all.js" />
```

在 Ext JS 库文件及页面内容加载完后,Ext JS 会执行 Ext.onReady 中指定的函数。一般情况下每一个用户的 Ext JS 应用都是从 Ext.onReady 开始的。

代码实例 3-15:

```
< SCRIPT >
    function fn() {
        alert("库已经添加!");
    }
    Ext.onReady(fn);
</SCRIPT>
```

2. 用 Ext JS 显示"HelloWorld ^_^"

代码实例 3-16：

```
< HTML >
    < HEAD >< meta http - equiv = "Content - Type" content = "text/html; charset = utf - 8"/>
        < link rel = "stylesheet" type = "text/css" href = "extjs/resources/css/ext - all.css"/>
< SCRIPT type = "text/JavaScript" src = "extjs/adapter/ext/ext - base.js"/>
< SCRIPT type = "text/JavaScript" src = "extjs/ext - all.js"/>
< SCRIPT >
    Ext.onReady(function(){
        Ext.MessageBox.alert("Hello", "Hello World ^_^");
        });
    </SCRIPT>
    </HEAD >
    < BODY >
    </BODY >
</HTML >
```

代码实例 3-16 运行页面如图 3-10 所示。

对代码示例 3-16 的内容进行改造。

代码实例 3-17：

```
< SCRIPT >
    Ext.onReady( function(){
        var win = new Ext.Window({
            title: "hello",  width: 300,  height: 200,
            html:"< h1 >< font color = 'red'>Hello,World ^_^</font ></h1 >"
        });
        win.show();
    });
</SCRIPT >
```

代码实例 3-17 运行结果如图 3-11 所示。

图 3-10 用 Ext JS 说"HelloWorld ^_^"   图 3-11 代码实例 3-17 运行结果图

3.3.4　Ext框架基础及核心

1. Ext 类库介绍

Ext JS 由一系列的类库组成,一旦页面成功加载了 Ext JS 库后,就可以在页面中通过 JavaScript 调用 Ext JS 的类及控件来实现需要的功能。Ext JS 的类库包括如下组成部分。

1) 底层 API(core)

底层 API 中提供了对 DOM 操作、查询的封装、事件处理、DOM 查询器等基础的功能。其他控件都是建立在这些底层 API 的基础上,底层 API 位于源代码目录的 core 子目录中,包括 DomHelper.js、Element.js 等文件。

2) 控件(widgets)

控件是指可以直接在页面中创建的可视化组件,比如面板、选项板、表格、树、窗口、菜单、工具栏、按钮等。在应用程序中可以直接通过应用这些控件来实现友好、交互性强的应用程序的 UI。控件位于源代码目录的 widgets 子目录中。

3) 实用工具(utils)

Ext 提供了很多的实用工具,可以方便地实现如数据内容格式化,JSON 数据解码或反解码,对 Date、Array 发送 AJAX 请求,Cookie 管理、CSS 管理等扩展功能。

2. Ext 组件介绍

Ext 3.0 对框架进行了大的重构,其中最重要的就是形成了一个结构及层次分明的组件体系,由这些组件形成了 Ext 的控件。Ext 组件是由 Component 类定义,每一种组件都有一个指定的 xtype 属性值,通过该值可以得到一个组件的类型或者是定义一个指定类型的组件。Ext JS 中的组件体系如图 3-12 所示。

Ext JS 组件可以分成三大类,即基本组件、工具栏组件、表单及元素组件。

1) 基本组件

Ext JS 的基本组件如表 3-17 所示。

表 3-17　Ext JS 的基本组件

xtype	类　　型	xtype	类　　型
colorpalette	Ext. ColorPalette 调色板	component	Ext. Component 组件
container	Ext. Container 容器	cycle	Ext. CycleButton
dataview	Ext. DataView 数据显示视图	editor	Ext. Editor 编辑器
grid	Ext. grid. GridPanel 表格	Button	Ext. Button 按钮
panel	Ext. Panel 面板	progress	Ext. ProgressBar 进度条
tabpanel	Ext. TabPanel 选项面板	treepanel	Ext. tree. TreePanel 树
window	Ext. Window 窗口	viewport	Ext. ViewPort 视图
paging	Ext. PagingToolbar 工具栏中的间隔	splitbutton	Ext. SplitButton 可分裂的按钮
box	Ext. BoxComponent 具有边框属性的组件	editorgrid	Ext. grid. EditorGridPanel 可编辑的表格

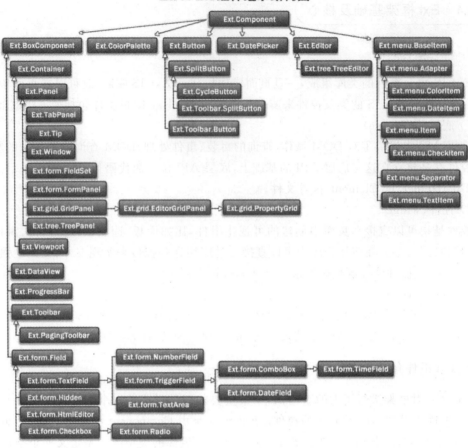

图 3-12　Ext JS 中的组件体系

2）工具栏组件

Ext JS 的工具栏组件如表 3-18 所示。

表 3-18　Ext JS 的工具栏组件

xtype	类　型
toolbar	Ext. Toolbar 工具栏
tbbutton	Ext. Toolbar. Button 按钮
tbfill	Ext. Toolbar. File 文件
tbitem	Ext. Toolbar. Item 工具条项目
tbseparator	Ext. Toolbar. Separator 工具栏分隔符
tbspacer	Ext. Toolbar. Spacer 工具栏空白
tbsplit	Ext. Toolbar. SplitButton 工具栏分隔按钮
tbtext	Ext. Toolbar. TextItem 工具栏文本项

3）表单元素组件

Ext JS 的表单元素组件如表 3-19 所示。

表 3-19　Ext JS 的表单元素组件

xtype	类　　型
form	Ext. FormPanel Form 面板
checkbox	Ext. form. Checkbox checkbox 录入框
combox	Ext. form. ComboBox combo 选择项
datefield	Ext. form. DateField 日期选择项
field	Ext. form. Field 表单字段
fieldset	Ext. form. FieldSet 表单字段组
hidden	Ext. form. Hidden 表单隐藏域
htmleditor	Ext. form. HtmlEditor html 编辑器
numberfield	Ext. form. NumberField 数字编辑器
radio	Ext. form. Radio 单选按钮
Textarea	Ext. form. TextArea 区域文本框
Textfield	Ext. form. TextField 表单文本框
Timefield	Ext. form. TimeField 时间录入项
Trigger	Ext. form. TriggerField 触发录入项

3. 组件使用方法

组件可以直接通过 new 关键字来创建。若要创建一个窗口,则使用 new Ext. Window();若要创建一个表格,则使用 new Ext. GridPanel()。除了一些普通的组件以外,一般都会在构造函数中通过传递构造参数来对创建的组件进行初始化。

组件的构造函数中一般都可以包含一个对象,这个对象包含创建组件所需要的配置属性及值,组件根据构造函数中的参数属性值来初始化组件。

代码实例 3-18：

```
……
Ext.onReady( function () {
    var property = {
        title: "hello",  width: 300,  height: 200,  html: "Hello,World ^_^"
        };
    var panel = new Ext.Panel(property);
    panel.render("panelDemo ");
})
……
< DIV id = "panelDemo"></DIV >
……
```

代码实例 3-18 的运行结果如图 3-13 所示。

render 方法后面的参数表示页面上的 div 元素 id,也可以直接在参数中通过 renderTo

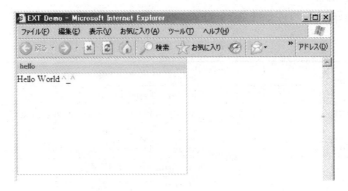

图 3-13　代码实例 3-18 的运行结果

参数来省略手动调用 render 方法,只需要在构造函数的参数中添加一个 renderTo 属性即可。

代码实例 3-19:

```
……
Ext.onReady( function () {
    var property = {
        renderTo:"panelDemo"  title: "hello",  width: 300,  height: 200,
        html: "Hello,World ^_^"
    };
    var panel = new Ext.Panel(property);
})
……
< DIV id = "panelDemo"></DIV >
……
```

对于容器中的子元素组件,都支持延迟加载的方式创建控件,此时可以直接通过在需要父组件的构造函数中,通过给属性 items 传递数组方式实现构造。

代码实例 3-20:

```
var panel = new Ext.TabPanel({
    width: 300,   height: 200,
    items: [ { title: "面板 1",height: 30},
        { title: "面板 2",height: 30},
        { title: "面板 3",height: 30}
    ]
});
panel.render("panelDemo ");
```

注意中括号中的代码,这些代码定义了 TabPanel 这个容器控件中的子元素,这里包括 3 个面板。代码实例 3-20 的代码与代码实例 3-21 代码等价。

代码实例 3-21：

```
var panel = new Ext.TabPanel({
    width: 300,   height: 200,
    items: [ new Ext.Panel({title: "面板 1", height: 30}),
            new Ext.Panel({title: "面板 2", height: 30}),
            new Ext.Panel({title: "面板 3", height: 30})
    ]
});
panel.render("panelDemo ");
```

4. 组件属性配置

在 Ext JS 中,除了一些特殊的组件或类以外,所有的组件在初始化的时候都可以在构造函数使用一个包含属性名称及值的对象,该对象中的信息也就是指组件的配置属性。

代码实例 3-22：配置面板。

```
new Ext.Panel({
    title: "面板",
    html: "面板内容",
    height: 100
});
```

代码实例 3-23：创建按钮。

```
var button = new Ext.Button({
    text: "添加",
    pressed: true,
    heigth: 30,
    handler: Ext.emptyFn
});
```

代码实例 3-24：创建 Viewport 及其内容。

```
new Ext.Viewport({
    layout: "border",
    items: [ { region: "north", title: "面板", html: "面板内容", height: 100},
            { region: "center",  xtype: "grid",  title: "学生信息管理",  store: troe,
             cm: colM,  store: store,  autoExpandColumn: 3
    }]
});
```

每一个组件除了继承基类中的配置属性以外,还会根据需要增加自己的配置属性,另外子类中有的时候还会重新定义父类的一些配置属性的含义及用途。学习及使用 Ext JS,其中最关键的是掌握 Ext JS 中的各个组件的配置属性及具体的含义,这些配置属性在下载下来的 Ext JS 源码文档中都有详细的说明,可以通过这个文档详细了解每一个组件的特性。

所有的组件都继承自 Ext.Component,组件基类 Component 的配置属性如表 3-20 所示。

表 3-20　组件基类 Component 的配置属性

配置属性名称	类型	简　　介
allowDomMove	Boolean	当渲染这个组件时是否允许移动 Dom 节点(默认值为 true)
applyTo	Mixed	混合参数,表示把该组件应用指定的对象。参数可以是一节点的 id,一个 DOM 节点或一个存在的元素或与之相对应的在 document 中已出现的 id。当使用 applyTo,也可以提供一个 id 或 CSS 的 class 名称,如果子组件允许它将尝试创建一个。如果只写 applyTo 选项,所有传递到 renderTo 方法的值将被忽略,并且目标元素的父节点将自动指定为这个组件的容器。使用 applyTo 选项后,则不需要再调用 render()方法来渲染组件
autoShow	Boolean	自动显示,如为 true,则组件将检查所有隐藏类型的 class,默认为 false
cls	String	给组件添加额外的样式信息,可以自定义组件或它的子组件的样式
ctCls	String	给组件的容器添加额外的样式信息
disabled Class	String	给被禁用的组件添加额外的 CSS 样式信息(默认为"x-item-disabled")
hideMode	String	组件隐藏方式,值为"visibility"
hideParent	Boolean	是否隐藏父容器,该值为 true 时将会显示或隐藏组件的容器,false 时则只隐藏和显示组件本身(默认值为 false)
id	String	组件的 id,默认为一个自动分配置的 id
listeners	Object	给对象配置多个事件监听器,在对象初始化会初始化这些监听器
plugins	Object/Array	一个对象或数组,将用于增加组件的自定义功能。一个有效的组件插件必须包含一个 init 方法,该方法可以带一个 Ext.Component 类型参数。当组件建立后,如果该组件包含有效的插件,将调用每一个插件的 init 方法,把组件传递给插件,插件就能够实现对组件的方法调用及事件应用等,从而实现对组件功能的扩充
renderTo	Mixed	混合数据参数,指定要渲染到节点的 id,一个 DOM 的节点或一个已存在的容器。如果使用了这个配置选项,则组件的 render()就不是必需的了
stateEvents	Array	定义需要保存组件状态信息的事件。当指定的事件发生时,组件会保存它的状态(默认 none),其值为这个组件支持的任意 event 类型,包含组件自身的或自定义事件
stateId	String	组件的状态 ID,状态管理器使用该 id 来管理组件的状态信息,默认值为组件的 id
style	String	给该组件的元素指定特定的样式信息,有效的参数为 Ext.Element.applyStyles 中的值
xtype	String	指定所要创建组件的 xtype,用于构造函数中没有意义。该参数用于在容器组件中创建子组件并延迟实例化和渲染时使用。如果是自定义的组件,则需要用 Ext.ComponentMgr.registerType 来进行注册,才会支持延迟实例化和渲染
el	Mixed	相当于 applyTo

3.3.5 Ext 中的事件处理机制

Ext JS 提供一套强大的事件处理机制,通过这些事件处理机制来响应用户的动作、监控控件状态变化、更新控件视图信息、与服务器进行交互等。事件统一由 Ext. EventManager 对象管理,与浏览器 W3C 标准事件对象 Event 相对应,Ext 封装了一个 Ext. EventObject 事件对象。支持事件处理的类(或接口)为 Ext. util. Observable,凡是继承该类的组件或类都支持往对象中添加事件处理及响应功能。以下是几个事件处理实例。

代码实例 3-25:

```
......
<SCRIPT>
    function showMessage() {
        alert('some thing');
    }
</SCRIPT>
......
<INPUT id = "btnAlert" type = "button" onclick = "showMessage();" value = "alert 框" />
......
```

单击按钮则会触发 onclick 事件,并执行 onclick 事件处理函数中指定的代码,直接执行函数 showMessage 中的代码,也即弹出一个简单的信息提示框。

代码实例 3-26:

```
......
<SCRIPT>
    FUNCTION showMessage() {
        alert('some thing');
    }
    window. onload = function(){
        document.getElementById("btnAlert").onclick = showMessage;
    }
</SCRIPT>
......
<INPUT id = "btnAlert" type = "button" value = "alert 框" />
......
```

代码实例 3-26 在文档加载的时候,就直接对 btnAlert 的 onclick 赋值,指明按钮 btnAlert 的 onclick 事件响应函数为 showMessage,注意这里 showMessage 后面不能使用括号"()"。

Ext JS 中组件的事件处理如代码实例 3-27 所示。

代码实例 3-27：

```
……
< SCRIPT >
    function showMessage() {
        alert('some thing');
    }
    Ext.onReady(function(){
        Ext.get("btnAlert").addListener("click", showMessage);
    });
</SCRIPT>
……
< INPUT id = "btnAlert" type = "button" value = "alert 框" />
……
```

Ext.get("btnAlert")得到一个与页面中按钮 btnAlert 关联的 Ext.Element 对象,可以直接调用该对象上的 addListener 方法来给对象添加事件,同样实现前面的效果。在调用 addListener 方法的代码中,第一个参数表示事件名称,第二个参数表示事件处理器或整个响应函数。

Ext JS 支持事件队列,可以往对象的某一个事件中添加多个事件响应函数。

代码实例 3-28：

```
Ext.onReady(function(){
    Ext.get("btnAlert").on("click", showMessage);
    Ext.get("btnAlert").on("click", showMessage2);
});
```

addLinster 方法的另外一个简写形式是 on。由于调用了两次 addListener 方法,因此当单击按钮的时候会弹出两次信息。当然,Ext JS 还支持事件延迟处理或事件处理缓存等功能。

代码实例 3-29：

```
Ext.onReady(function(){
    Ext.get("btnAlert").on("click", showMessage, this, {
        delay: 2000
    });
});
```

由于在调用 addListener 的时候传递指定的 delay 为 2000,因此当用户单击按钮的时候,不会马上执行事件响应函数,而是在 2000 毫秒,也就是两秒后才会弹出提示信息框。当然,在使用 Ext 的事件时,一般是直接在控件上实现,每一个控件包含哪些事件,在什么时候触发,触发时传递的参数等,在 Ext JS 项目的文档中都有较为详细的说明。比如对于所有的组件 Component,都包含一个 beforedestroy 事件,该事件会在 Ext 销毁这一个组件时触发,如果事件响应函数返回 false,则会取消组件的销毁操作。

代码实例 3-30：

```
Ext.onReady(function(){
    var win = new Ext.Window({
        title: "不能关闭的窗口", height: 200, width: 300
    });
    win.on("beforedestroy", function(obj){
        alert("想关闭我,这是不可能的!");
        obj.show();
        return false;
    });
    win.show();
});
```

由于在窗口对象的 beforedestroy 事件响应函数返回值为 false,因此执行这段程序,会发现这个窗口将无法关闭。组件的事件监听器可以直接在组件的配置属性中直接声明,代码实例 3-31 与代码实例 3-30 实现的功能一样。

代码实例 3-31：

```
Ext.onReady(function() {
    var win = new Ext.Window({
        title: "不能关闭的窗口", height: 200, width: 300,
        listeners: {
            "beforedestroy": function(obj){
                alert("想关闭我,这是不可能的!");
                obj.show();
                return false;
            }
        }});
    win.show();
});
```

了解 Ext JS 中的基本事件处理及使用方法,就可以在应用中进行事件相关处理操作了。

3.3.6 Ext 常用控件基础

1. Panl 控件

面板 Panel 是 Ext JS 控件的基础,很多高级控件都是在面板的基础上扩展的,还有其他大多数控件也都直接或间接有关系。应用程序的界面一般情况下是由一个个的面板通过不同组织方式形成。

面板由以下几个部分组成:一个顶部工具栏、一个底部工具栏、面板头部、面板尾部、面板主区域几个部分组件。面板类中还内置了面板展开、关闭等功能,并提供一系列可重用的工具按钮使得我们可以轻松实现自定义的行为,面板可以放入其他任何容器中,面板本身是一个容器,里面又可以包含各种其他组件。面板的类名为 Ext. Panel,其 xtype 为 panel。

代码实例 3-32:

```
Ext.onReady(function(){
    new Ext.Panel({
        renderTo: "viewDemo",
        title: "面板头部 header",  width: 300,  height: 200,
        html: '< h1 >面板主区域</h1 >',
        tbar:[{text: '顶部工具栏 topToolbar'}],
        bbar:[{text: '底部工具栏 bottomToolbar'}],
        buttons:[{text: "按钮位于 footer"}]
    });
});
```

运行后,可得到如图 3-14 所示的输出结果,清楚地表示出了面板的各个组成部分。

图 3-14　代码实例 3-32 的运行结果

一般情况下,顶部工具栏或底部工具栏只需要一个,面板中一般也很少直接包含按钮,会把面板上的按钮直接放到工具栏上面。

代码实例 3-33:

```
Ext.onReady(function(){
    new Ext.Panel({
        renderTo: "viewDemo",
        title: "hello",  width: 300,  height: 200,
        html: '< h1 > Hello World_</h1 >',
        tbar: [{  pressed: true,
                text: '刷新'
        }]
    });
});
```

运行后,可得到如图 3-15 所示的输出结果。

图 3-15　代码实例 3-33 的运行结果

2. Toolbar 控件

面板中可以有工具栏,工具栏可以位于面板顶部或底部,Ext 中工具栏是由 Ext.Toolbar 类表示。工具栏上可以存放按钮、文本、分隔符等内容。面板对象中内置了很多实用的工具栏,可以直接通过面板的 tools 配置选项往面板头部加入预定义的工具栏选项。

代码实例 3-34:

```
Ext.onReady(function() {
    new Ext.Panel({
        renderTo: "viewDemo",
        title: "hello",  width: 300,  height: 200,
        html: '< h1 > Hello World ^_^</h1 >',
        tools: [{  id: "save"  },
            {  id: "help",
               handler: function(){
                   Ext.Msg.alert('help', 'please help me!');
               }
            },
            {  id: "close"  }],
        tbar: [{  pressed: true,  text: '刷新'  }]
    });
});
```

注意: 在 Panel 的构造函数中设置了 tools 属性的值,表示在面板头部显示 3 个工具栏选项按钮,分别是保存 save、help、close 3 种。代码实例 3-34 运行的效果如图 3-16 所示。

单击 ? help 按钮会执行 handler 中的函数,显示一个弹出对话框,而单击其他的按钮不会有任何行为产生,因为没有定义其 handler。除了在面板头部加入这些已经定义好的工具栏选择按钮以外,还可以在顶部或底工具栏中加入各种工具栏选项,如图 3-17 所示。

除了在面板头部加入这些已经定义好的工具栏选择按钮以外,还可以在顶部或底工具栏中加入各种工具栏选项。

图 3-16　代码实例 3-34 的运行结果

图 3-17　单击 help 按钮的运行结果

代码实例 3-35：

```
Ext.onReady(function() {
    new Ext.Panel({
        renderTo: "viewDemo",
        title: "hello",  width: 300,  height: 200,
        html: '< h1 > Hello World ^_^</h1 >',
        tbar: [new Ext.Toolbar.TextItem('工具栏:'), {  xtype: "tbfill"  },
        {  pressed: true,  text: '添加'  }, {  xtype: "tbseparator"  },
        {  pressed: true,  text: '保存'}  ]
    });
});
```

运行后,可得到如图 3-18 所示的输出结果。

3. TabPanel 选项面板

在前面的代码实例中,为了显示一个面板,需要在页面上添加一个 DIV,然后把 Ext 控件渲染到这个 DIV 上。VeiwPort 代表整个浏览器显示区域,该对象渲染到页面的 body 区

图 3-18　代码实例 3-35 的运行结果

域,并会随着浏览器显示区域的大小自动改变,一个页面中只能有一个 ViewPort 实例。

代码实例 3-36:

```
Ext.onReady(function() {
    new Ext.Viewport({
        enableTabScroll: true, layout: "fit",
        items:[{ title: "面板", html: "",
            bbar:[{ text: "按钮1" }, { text: "按钮2" }]
        }]
    });
});
```

运行后,可得到如图 3-19 所示的输出结果。

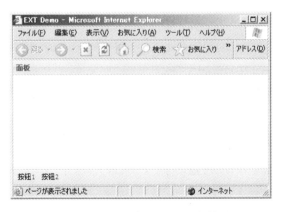

图 3-19　代码实例 3-36 的运行结果

Viewport 不需要再指定 renderTo,而我们也看到 Viewport 确实填充了整个浏览器显示区域,并会随着浏览器显示区域大小的改变而改变。Viewport 主要用于应用程序的主界面,可以通过使用不同的布局来搭建出不同风格的应用程序主界面。在 Viewport 上常用的布局有 fit、border 等,当然在需要的时候其他布局也会常用。

代码实例 3-37：

```
Ext.onReady(function() {
    new Ext.Viewport({
        enableTabScroll: true, layout: "border",
        items: [{ title: "面板", region: "north", height: 50,
                html: "<h1>网站后台管理系统!</h1>" },
                { title: "菜单", region: "west", width: 200,
                collapsible: true, html: "菜单栏" },
                { xtype: "tabpanel", region: "center",
                items: [{ title: "面板 1" },{ title: "面板 2" }]
            }]
    });
});
```

运行后，可得到如图 3-20 所示的输出结果。

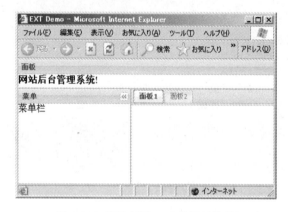

图 3-20　代码实例 3-37 的运行结果

3.3.7　Ext 中的窗口和对话框

1. 窗口基本应用

Ext JS 中窗口是由 Ext. Window 类定义，该类继承自 Panel，因此窗口其实是一种特殊的面板 Panel。窗口包含了浮动、可拖动、可关闭、最大化、最小化等特性。

代码实例 3-38：

```
……
var i = 0;
FUNCTION newWin() {
    var win = new Ext.Window({
        title: "窗口" + i++, width: 100, height: 100,
        maximizable: true
    });
```

```
    win.show();
}
Ext.onReady(function(){
    Ext.get("btn").on("click", newWin);
    });
……
< INPUT id = "btn" type = "button" name = "add" value = "新窗口" />
……
```

执行上面的代码,当单击"新窗口"按钮的时候,会在页面中显示一个窗口(大小为100像素×100像素),窗口标题为"窗口 x"。窗口可以关闭,可以最大化,单击最大化按钮会最大化窗口,最大化的窗口可以还原,运行效果如图3-21所示。

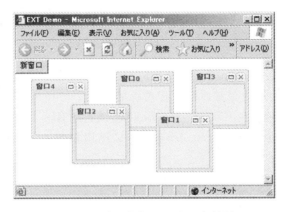

图 3-21　代码实例 3-38 的运行结果

2. 窗口分组

窗口是分组进行管理的,可以对一组窗口进行操作,默认情况下的窗口都在默认的组 Ext.WindowMgr 中。窗口分组由类 Ext.WindowGroup 定义,该类包括 bringToFront、getActive、hideAll、sendToBack 等方法用来对分组中的窗口进行操作。

代码实例 3-39:

```
var i = 0, mygroup;
FUNCTION newWin(){
    var win = new Ext.Window({
        title: "窗口" + i++,  width: 100,  height: 100,
        maximizable: true,  manager: mygroup
    });
    win.show();
}
FUNCTION toBack(){
    mygroup.sendToBack(mygroup.getActive());
}
```

```
FUNCTION hideAll(){
    mygroup.hideAll();
}
Ext.onReady(function(){
    mygroup = new Ext.WindowGroup();
    Ext.get("btn").on("click", newWin);
    Ext.get("btnToBack").on("click", toBack);
    Ext.get("btnHide").on("click", hideAll);
});
```

执行上面的代码,先单击几次"新窗口"按钮,可以在页面中显示几个容器,然后拖动这些窗口,让他们在屏幕中不同的位置。然后单击"放到后台"按钮,可以实现把最前面的窗口移动到该组窗口的最后面去,单击"隐藏所有"按钮,可以隐藏当前打开的所有窗口。

3. 对话框

由于传统使用 alert、confirm 等方法产生的对话框不美观。因此,Ext JS 提供了一套非常漂亮的对话框,可以使用这些对话框代替传统的 alert、confirm 等,实现华丽的应用程序界面。Ext 的对话框都封装在 Ext.MessageBox 类,该类还有一个简写形式即 Ext.Msg,可以直接通过 Ext.MessageBox 或 Ext.Msg 来直接调用相应的对话框方法来显示 Ext 对话框。

代码实例 3-40:

```
Ext.onReady(function(){
    Ext.get("btnAlert").on("click", function(){
        Ext.MessageBox.alert("请注意", "这是 Ext JS 的提示框");
    });
});
```

执行程序,单击上面的"alert框"按钮,将会显示如图 3-22 所示的对话框。

图 3-22　代码实例 3-40 的运行结果

除了 alert 以外，Ext 还包含 confirm、prompt、progress、wait 等对话框，另外可以根据需要显示自定义的对话框。普通对话框一般包括 4 个参数，比如 confirm 的方法签名为 confirm（String title，String msg，[Function fn]，[Object scope]），参数 title 表示对话框的标题，参数 msg 表示对话框中的提示信息，这两个参数是必需的；可选的参数 fn 表示当关闭对话框后执行的回调函数，参数 scope 表示回调函数的执行作用域。回调函数可以包含两个参数，即 button 与 text，button 表示单击的按钮，text 表示对话框中有活动输入选项时输入的文本内容。可以在回调函数中通过 button 参数来判断用户作了什么什么选择，可以通过 text 来读取在对话框中输入的内容。

代码实例 3-41：

```
MessageBox.confirm("请确认", "是否真的要删除指定的内容",
                            //由于此处使用的是 confirm 因此 text 参数始终为空
      function(button, text){
          alert(button);   alert(text);
});
< INPUT id = "对话框" type = "button" value = "btn" />
……
```

这样当用户单击对话框中的 yes 按钮时，就会执行相应的操作，单击 no 按钮则忽略操作。

代码实例 3-42：

```
Ext.onReady(function()
{  Ext.get("btn").on("click", function()
    {  Ext.MessageBox.prompt
          (  "输入提示框", "请输入您的姓名",
             function(button, text)
             {   if(button == 'ok'&&text.length > 0)
                 {  alert('欢迎您' + text);   }
                 else {   alert('请问您是谁?')   }
             }
          );
      }
});
……
< INPUT id = "对话框" type = "button" value = "btn" />
……
```

单击上面的"对话框"按钮可以显示如图 3-23 所示的内容，如果单击 OK 按钮则会显示输入的文本内容，单击 Cancel 按钮或未输入任何内容则会提示放弃录入。

在实际应用中，可以直接使用 MessageBox 的 show 方法来显示自定义的对话框。

图 3-23　代码实例 3-42 的运行结果

代码实例 3-43：

```
FUNCTION save(button) {
    alert(button);
}
……
Ext.onReady(function() {
    Ext.get("btn").on("click", function()
    {   Ext.Msg.show
        (  {  title: '保存数据',
              msg: '你已经做了一些数据操作,是否要保存当前内容的修改?',
              buttons: Ext.Msg.YESNOCANCEL,
              fn: save,
              icon: Ext.MessageBox.QUESTION
        }  );
    }
});
```

单击"对话框"按钮可显示一个自定义的保存数据对话框,对话框中包含 Yes、No、Cancel 三个按钮,可在回调函数 save 中根据单击的按钮执行相应操作,如图 3-24 所示。

图 3-24　代码实例 3-43 的运行结果

3.3.8　布局 Layout

1. 布局概述

所谓布局就是指容器组件中子元素的分布、排列组合方式。Ext 的所有容器组件都支持布局操作,每一个容器都会有一个对应的布局,布局负责管理容器组件中子元素的排列、组合及渲染方式等。

Ext JS 的布局基类为 Ext.layout.ContainerLayout,其他布局都是继承该类。Ext JS 的容器组件包含一个 layout 及 layoutConfig 配置属性,这两个属性用来指定容器使用的布局及布局的详细配置信息,如果没有指定容器组件的 layout 则默认会使用 ContainerLayout 作为布局,该布局只是简单地把元素放到容器中,有的布局需要 layoutConfig 配置,有的则不需要。

代码实例 3-44:

```
Ext.onReady(function() {
    new Ext.Panel({
        renderTo: "hello",  width: 400,  height: 200,  layout: "column",
        items: [{ columnWidth: .5,  title: "面板 1" },
                { columnWidth: .5,  title: "面板 2" }]
    });
});
```

2. Border 布局

Border 布局由类 Ext.layout.BorderLayout 定义,布局名称为 border。该布局把容器分成东南西北中 5 个区域,分别由 East、South、West、North、Center 来表示。在向容器中添加子元素的时候,只需要指定这些子元素所在的位置,Border 布局会自动把子元素放到布局指定的位置。

代码实例 3-45:

```
Ext.onReady(function(){
    new Ext.Viewport({
        layout: "border",
        items: [ { region: "north",height: 50,title: "顶部面板" },
                 { region: "south",height: 50, title: "底部面板" },
                 { region: "center",title: "中央面板" },
                 { region: "west",width: 100, title: "左边面板" },
                 { region: "east",width: 100, title: "右边面板" } ]
    });
});
```

执行代码实例 3-45 将会在页面中输出包含上下左右中 5 个区域的面板,如图 3-25 所示。

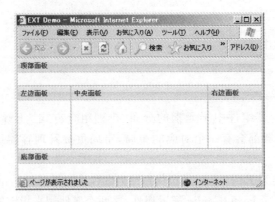

图 3-25 代码实例 3-45 的运行结果

3. Column 布局

Column 列布局由 Ext.layout.ColumnLayout 类定义,名称为 column。列布局把整个容器组件看成一列,然后往里面放入子元素的时候,可以通过在子元素中指定使用 columnWidth 或 width 来指定子元素所占的列宽度。columnWidth 表示使用百分比的形式指定列宽度,而 width 则是使用绝对像素的方式指定列宽度,在实际应用中可以混合使用两种方式。

代码实例 3-46:

```
Ext.onReady(function(){
    new Ext.Panel({
        renderTo: "hello",  title: "容器组件",  layout: "column",
        width: 500,   height: 100,
        items: [ {  title: "列 1",width: 100  },
                 {  title: "列 2",width: 200  },
                 {  title: "列 3",width: 100  },
                 {  title: "列 4"  }  ]
    });
});
```

代码实例 3-46 在容器组件中放入了 4 个元素,在容器组件中形成 4 列,列的宽度分别为 100、200、100 及剩余宽度,运行结果如图 3-26 所示。

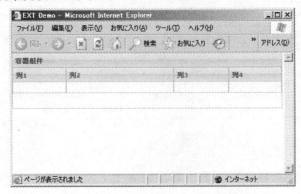

图 3-26 代码实例 3-46 的运行结果

也可使用 columnWidth 来定义子元素所占的列宽度。

代码实例 3-47：

```
Ext.onReady(function(){
    new Ext.Panel({
        renderTo: "hello", title: "容器组件", layout: "column",
        width: 500, height: 100,
        items: [ { title: "列1",columnWidth: .2 },
                 { title: "列2",columnWidth: .2 },
                 { title: "列3",columnWidth: .3 },
                 { title: "列4",columnWidth: .3 } ]
    });
});
```

注意 columnWidth 的总和应该为 1，执行结果如图 3-27 所示。

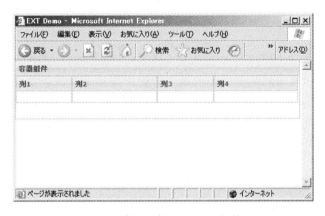

图 3-27 代码实例 3-47 的运行结果

4. Fit 布局

Fit 列布局由 Ext.layout.FitLayout 类定义，名称为 fit，能够根据页面的实际大小自动规范使用该布局的页面组件的大小，并在页面大小发生变化的时候自动进行调整。

代码实例 3-48：

```
Ext.onReady(function(){
    new Ext.Viewport({
        renderTo: "viewDemo", title: "容器组件", layout: "fit",
        items: [ { title: "Panel",
                 html: "这是需要显示的内容" } ]
    });
});
```

执行结果如图 3-28 所示。

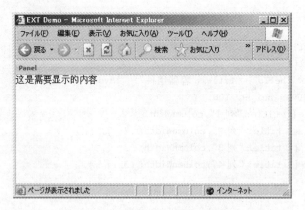

图 3-28　代码实例 3-48 的运行结果

5．Form 表单专用布局

Form 布局由类 Ext. layout. FormLayout 定义,名称为 form,是一种专门用于管理表单中输入字段的布局,这种布局主要用于在程序中创建表单字段或表单元素等使用。在实际应用中,Ext. form. FormPanel 这个类默认布局使用的是 Form 布局,而且 FormPanel 还会创建与<form>标签相关的组件,因此一般情况下直接使用 FormPanel 即可。

代码实例 3-49：

```
Ext.onReady(function() {
    new Ext.FormPanel({
        renderTo: "viewDemo",  title: "容器组件",  width: 300, layout: "form",
        hideLabels: false,  labelAlign: "right",  height: 120, defaultType: 'textfield',
        items: [ {  fieldLabel: "请输入姓名",  name: "name" },
                 {  fieldLabel: "请选择生日",  name: "birthday",  xtype: "datefield" },
                 {  fieldLabel: "请输入电话",  name: "tel" }  ]
    });
});
```

代码实例 3-49 创建了一个面板,面板使用 Form 布局,面板中包含 3 个子元素,这些子元素都是文本框字段,在父容器中还通过 hideLabels、labelAlign 等配置属性来定义了是否隐藏标签、标签对齐方式等。执行结果如图 3-29 所示。

可以在容器组件中把 hideLabels 设置为 true,这样将不会显示容器中字段的标签了。

6．Accordion 布局

Accordion 布局由类 Ext. layout. Accordion 定义,名称为 accordion,表示可折叠的布局,也就是说使用该布局的容器组件中的子元素是可折叠的形式。

图 3-29 代码实例 3-49 的运行结果

代码实例 3-50：

```
Ext.onReady(function(){
    new Ext.Panel({
        renderTo: "viewDemo",  title: "容器组件",  autoWidth: true,  height: 200,
        layout: "accordion",  layoutConfig: {  animate: true  },
        items: [ {  title: "子元素 1",  html: "这是子元素 1 中的内容"  },
                {  title: "子元素 2",  html: "这是子元素 2 中的内容"  },
                {  title: "子元素 3",  html: "这是子元素 3 中的内容"  } ]
    });
});
```

代码实例 3-50 定义了一个容器组件，指定使用 Accordion 布局，该容器组件中包含 3 个子元素，在 layoutConfig 中指定布局配置参数 animate 为 true，表示在执行展开折叠时是否应用动画效果。执行结果将生成如图 3-30 所示的界面，单击每一个子元素的头部名称或右边的按钮，则会展开该面板，并收缩其他已经展开的面板。

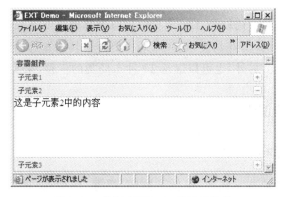

图 3-30 代码实例 3-50 的运行结果

7. 其他常用布局

Table 布局由类 Ext. layout. TableLayout 定义，名称为 table，该布局负责把容器中的子元素按照类似普通 html 标签。

代码实例 3-51：

```
Ext.onReady(function(){
    var panel = new Ext.Panel({
        renderTo: "viewDemo",  title: "容器组件",  autoWidth: true,  autoHeight: true,
        layout: "table",  layoutConfig: { columns: 3 },
        items: [ {  title: "子元素 1",  html: "这是子元素 1 中的内容",
                    rowspan: 2,  height: 100 },
                 {  title: "子元素 2",  html: "这是子元素 2 中的内容",  colspan: 2 },
                 {  title: "子元素 3",  html: "这是子元素 3 中的内容" },
                 {  title: "子元素 4",  html: "这是子元素 4 中的内容" }  ]
    });
});
```

代码实例 3-51 创建了一个父容器组件，指定使用 Table 布局，layoutConfig 使用 columns 指定父容器分成 3 列，子元素中使用 rowspan 或 colspan 来指定子元素所横跨的单元格数。程序运行效果如图 3-31 所示。

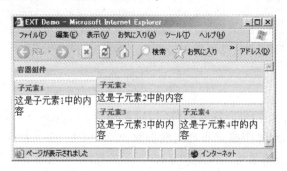

图 3-31　代码实例 3-51 的运行结果

除了前面介绍的几种布局以外，Ext 3.0 中还包含其他的 Ext. layout. AbsoluteLayout、Ext. layout. AnchorLayout 等布局类，这些布局主要作为其他布局的基类使用，一般情况下不会在应用中直接使用。另外，也可以继承 10 种布局类的一种，来实现自定义的布局。

3.3.9　表格控件的使用

1. 基本表格控件 GridPanel

Ext JS 中的表格功能非常强大，包括了排序、缓存、拖动、隐藏某一列、自动显示行号、列汇总、单元格编辑等实用功能。表格由类 Ext. grid. GridPanel 定义，继承自 Panel，其

xtype 为 grid。在 Ext JS 中,表格 Grid 必须包含列定义信息,并指定表格的数据存储器 Store。表格的列信息由类 Ext.grid.ColumnModel 定义、而表格的数据存储器由 Ext.data. Store 定义,数据存储器根据解析的数据不同分为 JsonStore、SimpleStroe、GroupingStore 等。

代码实例 3-52:

```
Ext.onReady(function(){
    var data = [  [1, 'ITECEdu', 'Edu', 'Mrs. Di'],  [2, 'ITEC', 'DepJP', 'Mr. Zhao'],
                [3, 'ITEC', 'DepCh', 'Mr. Feng'],  [4, 'ITEC', 'Q/A Dep', 'Mr. Chen']  ];
    var store = new Ext.data.SimpleStore({
        data: data,  fields: ["id", "cor", "dep", "manager"]
    });
    var grid = new Ext.grid.GridPanel({
        renderTo: "viewDemo",  title: "南开创元",  autoHeight: true,  width: 400,
        columns: [ {  header: "ID",  dataIndex: "id",  width: 30  },
                {  header: "公司名称",  dataIndex: "cor"  },
                {  header: "部门名称",  dataIndex: "dep"  },
                {  header: "负责人",  dataIndex: "manager"  } ],
                store: store,  autoExpandColumn: 2
    });
});
```

执行代码实例 3-52,可以得到一个简单的表格,如图 3-32 所示。

图 3-32 代码实例 3-52 的运行结果

在代码实例 3-52 中,第一行"var data＝…"用来定义表格中要显示的数据,这是一个二维数组;第二行"var store＝…"用来创建一个数据存储,这是 GridPanel 需要使用配置属性,数据存储器 Store 负责把各种各样的数据(如二维数组、JSon 对象数组、xml 文本)等转换成 Ext JS 的数据记录集 Record。第三行"var grid＝ new Ext.grid.GridPanel(…)"负责创建一个表格,表格包含的列由 columns 配置属性来描述,columns 是一数组,每一行数据元素描述表格的一列信息,表格列信息包含列头显示文本(header)、列对应的记录集字段(dataIndex)、列是否可排序(sorable)、列的渲染函数(renderer)、宽度(width)、格式化信息(format)等,在上面的例子中只用到了 header 及 dataIndex。

代码实例 3-53：

```
Ext.onReady(function(){
    var data = [ [1, 'ITECEdu', 'Edu', 'Mrs. Di'], [2, 'ITEC', 'DepJP', 'Mr. Zhao'],
                [3, 'ITEC', 'DepCh', 'Mr. Feng'], [4, 'ITEC', 'Q/A Dep', 'Mr. Chen'] ];
    var store = new Ext.data.SimpleStore({
        data: data,  fields: ["id", "cor", "dep", "manager"]
    });
var colM = new Ext.grid.ColumnModel([
    { header: "ID",  dataIndex: "id",  width: 30  },
    { header: "公司名称",  dataIndex: "cor",  sortable: true  },
    { header: "部门名称",  dataIndex: "dep",  sortable: true  },
    { header: "负责人",  dataIndex: "manager",  } ]);
var grid = new Ext.grid.GridPanel(
    { renderTo: "viewDemo",  title: "南开创元",  autoHeight: true,
      width: 400,  cm: colM,  store: store,  autoExpandColumn: 2  });
});
```

直接使用 new Ext.grid.ColumnModel 来创建表格的列信定义信息，在"公司名称"及"部门名称"列中添加了 sortable 为 true 的属性，表示该列可以排序，执行上面的代码，可以得到一个支持按"公司名称"和"部门名称"排序的表格。执行效果如图 3-33 所示。

图 3-33 代码实例 3-53 的运行结果

另外，每一列的数据渲染方式还可以自己定义，比如上面的表格中，希望用户在表格中点击网址则直接打开这些开源团队的网站，也就是需要给网址这一列添加上超级链接。

代码实例 3-54：

```
FUNCTION showUrl(value){
    return "< a href = 'http://" + value + "'>" + value + "</a>";
}
Ext.onReady(function(){
    var data = [ [1, 'ITECEdu', 'Edu', 'www.itec.com'],
                [2, 'ITEC', 'DepJP', 'www.itec.com.cn'],
                [3, 'ITEC', 'DepCh', 'www.itecedu.com.cn'],
                [4, 'ITEC', 'Q/A Dep', 'www.itec.jp'] ];
    var store = new Ext.data.SimpleStore({
```

```
            data: data,   fields: ["id", "cor", "dep", "manager"]
        });
        var colM = new Ext.grid.ColumnModel([
            {  header: "ID",   dataIndex: "id",   width: 30  },
            {  header: "公司名称",   dataIndex: "cor",   sortable: true  },
            {  header: "部门名称",   dataIndex: "dep",   sortable: true  },
            {  header: "部门管理页面",   dataIndex: "manager",   renderer: showUrl}  ]);
        var grid = new Ext.grid.GridPanel(
            {  renderTo: "viewDemo",   title: "南开创元",   autoHeight: true,
               width: 400,   cm: colM,   store: store,   autoExpandColumn: 2  });
    });
```

代码实例 3-54 与代码实例 3-53 差别不大，只是在定义"网址"列的时候多了一个 renderer 属性，即{header："网址"，dataIndex："manager"，renderer：showUrl}。showUrl 是一个自定义的函数，内容就是根据传入的 value 参数返回一个包含<a>标签的 html 片段。运行结果如图 3-34 所示。

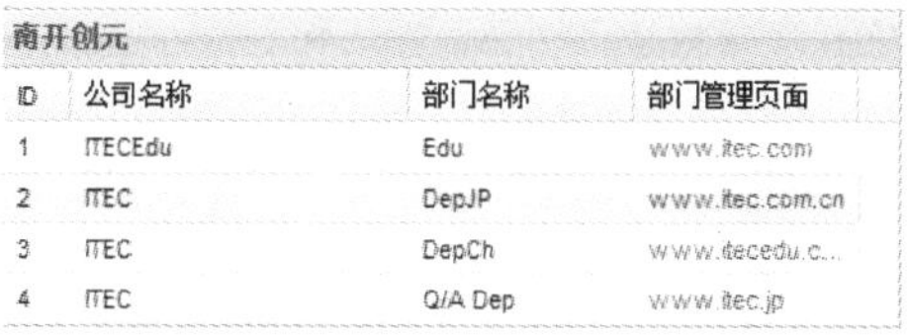

南开创元

ID	公司名称	部门名称	部门管理页面
1	ITECEdu	Edu	www.itec.com
2	ITEC	DepJP	www.itec.com.cn
3	ITEC	DepCh	www.itecedu.c...
4	ITEC	Q/A Dep	www.itec.jp

图 3-34 代码实例 3-54 的运行结果

自定义的列渲染函数可以实现在单元格中显示自己所需要的各种信息，只是的浏览器能处理的 html 都可以。除了二级数组以外，表格还能显示其他格式的数据。

代码实例 3-55：

```
var data = [  {  id: 1,   cor: 'ITECEdu',   dep: 'Edu',   manager: 'www.itec.com'  },
              {  id: 2,   cor: 'ITEC',   dep: 'DepJP',   manager: 'www.itec.com.cn'  },
              {  id: 3,   cor: 'ITEC',   dep: 'DepCh',   manager: 'www.itecedu.com.cn'  },
              {  id: 4,   cor: 'ITEC',   dep: 'Q/A Dep',   manager: 'www.itec.jp'  }  ];
```

数据变成了一维数组，数组中的每一个元素是一个对象，这些对象包含 cor、dep、id、manager 等属性。要让表格显示上面的数据，只需要把 store 改成用 Ext.data.JsonStore 即可。

代码实例 3-56：

```
var store = new Ext.data.JsonStore(
    { data: data, fields: ["id", "cor", "dep", "manager"] } );
```

Ext 也支持 XML 数据，例如，为了把这个 xml 数据用 Ext JS 的表格 Grid 进行显示，只需把 store 部分的内容进行调整，如代码实例 3-57 所示。

代码实例 3-57：

```
<?xml version = "1.0" encoding = "UTF - 8"?>
<dataset>
    <row>
      <id>1</id>   <cor> ItecEdu </cor>
        <dep> EasyJF </dep>   <manager> www. easyjf.com </manager>
    </row>
    <row>
        <id>2</id>   <cor> ITEC </cor>
        <dep> EasyJF </dep>   <manager> www. easyjf.com </manager>
    </row>
    <row>
        <id>3</id>   <cor> ITEC </cor>
        <dep> EasyJF </dep>   <manager> www. easyjf.com </manager>
    </row>
    <row>
        <id>4</id>   <cor> ITEC </cor>
        <dep> EasyJF </dep>   <manager> www. easyjf.com </manager>
    </row>
</dataset>
```

数据读取的部分稍作修改，修改后如代码实例 3-58 所示。

代码实例 3-58：

```
Ext.onReady(function(){
    var store = new Ext.data.Store({
        url: "hello.xml",
        reader: new Ext.data.XmlReader( { record: "row" },
                                ["id", "name", "organization", "homepage"] )
    });
    ……
    store.load();
});
```

store.laod()用来加载数据，执行代码实例 3-58 产生的表格与代码实例 3-57 的完全一样。

2. 可编辑表格 EditGridPanel

可编辑表格是指可以直接在表格的单元格对表格的数据进行编辑，Ext JS 中的可编辑表格由类 Ext.grid.EditorGridPanel 表示，xtype 为 editorgrid。使用 EditorGridPanel 与使用普通的 GridPanel 方式一样，区别只是在定义列信息的时候，可以指定某一列使用的编辑即可。

代码实例 3-59：

```
Ext.onReady(function(){
    var data = [
        {id: 1,name: '小王',email: 'xiaowang@easyjf.com',sex: '男',bornDate: '1991－4－4'},
        {id: 2,name: '小李',email: 'xiaoli@easyjf.com',sex: '男',bornDate: '1992－5－6'},
        {id: 3,name: '小兰',email: 'xiaoxiao@easyjf.com',sex: '女',bornDate: '1993－3－7'}
    ];
    var store = new Ext.data.JsonStore({
        data: data,
        fields: [ "id", "name", "sex", "email",
                { name: "bornDate", type: "date", dateFormat: "Y－n－j" } ]
    });
    var colM = new Ext.grid.ColumnModel([
        { header: "姓名", dataIndex: "name",
          sortable: true, editor: new Ext.form.TextField() },
        { header: "性别", dataIndex: "sex" },
        { header: "出生日期", dataIndex: "bornDate",
          width: 120, renderer: Ext.util.Format.dateRenderer('Y年m月d日'),},
        { header: "电子邮件", dataIndex: "email",
          sortable: true, editor: new Ext.form.TextField() } ]);
    var grid = new Ext.grid.EditorGridPanel(
        { renderTo: "viewDemo", title: "学生基本信息管理", height: 200,
          width: 600, cm: colM, store: store, autoExpandColumn: 3 } );
});
```

代码实例 3-59 首先定义了一个包含学生信息的对象数组,然后创建了一个 JsonStore,在创建这个 store 的时候,指定 bornDate 列的类型为日期 date 类型,并使 dateFormat 来指定日期信息的格式为"Y-n-j",Y 代表年,n 代表月,j 代表日期。定义表格列模型的时候,对于"姓名"及"电子邮件"列使用 editor 来定义该列使用的编辑器,这里是使用 Ext.form. TextField,最后使用 new Ext.grid.EditorGridPanel(…)来创建一个可编辑的表格。执行上面的程序可以生成一个表格,双击表格中的"姓名"、或"电子邮件"单元格中的信息可以触发单元格的编辑,可以在单元格的文本框中直接编辑表格中的内容,修改过的单元格会有特殊的标记。执行效果如图 3-35 所示。

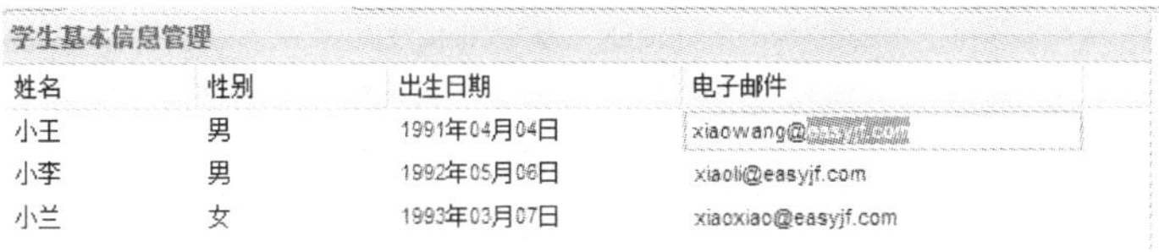

图 3-35 代码实例 3-59 的运行结果

为了能编辑"性别"及"出生日期"列,同样只需要在定义该列的时候指定 editor 即可。由于出生日期是日期类型,因此我们可以使用日期编辑器来编辑,"性别"一列的数据通过下拉框进行选择。日期编辑器可以使用 Ext.form.DateField 组件,下拉选择框编辑器可以使用 Ext.form.ComboBox 组件。

对性别及出生日期等列信息进行编辑,如代码实例 3-60 所示。

代码实例 3-60:

```
var colM = new Ext.grid.ColumnModel([
    {    header: "性别",  dataIndex: "sex",
        editor: new Ext.form.ComboBox({
            transform: "sexList",  triggerAction: 'all',  lazyRender: true  })
    },
    {    header: "出生日期",  dataIndex: "bornDate",  width: 120,
        renderer: Ext.util.Format.dateRenderer('Y 年 m 月 d 日'),
            editor: new Ext.form.DateField({  format: 'Y 年 m 月 d 日'  })
    }, …… ]);
var grid = new Ext.grid.EditorGridPanel({
    renderTo: "hello",  title: "学生基本信息管理",  height: 200,  width: 600,
    cm: colM,  store: store,  autoExpandColumn: 3,  clicksToEdit: 1
    });
……
< SELECT id = "sexList">
    < option>男</option >
    < option>女</option >
</SELECT >
```

在定义 EditorGridPanel 的时候,增加了一个属性"clicksToEdit:1",表示单击一次单元格即触发编辑,因为默认情况下该值为 2,需要双击单元格才能编辑。为了给 ComboBox 中填充数据,设置该组件的 transform 配置属性值为 sexList,sexList 是一个传统的<select>框,需要在 html 页面中直接定义。执行代码实例 3-60,可以得到一个能对表格中所有数据进行编辑的表格了。单击上面的"性别"一列的单元格时,会出现一个下拉选择框,单击"出生日期"一列的单元格时,会出现一个日期数据选择框,如图 3-36 所示。

图 3-36　代码实例 3-60 的运行结果

那么如何保存编辑后的数据呢? 可以直接使用 afteredit 事件。当对一个单元格进行编辑完之后,就会触发 afteredit 事件,可以通过该事件处理函数来处理单元格的信息编辑。比如在 blog 示例中,当编辑一个日志目录的时候,需要把编辑后的数据保存到服务器。

代码实例 3-61：

```
this.grid.on("afteredit", this.afterEdit, this);
......
afterEdit: function(obj){
    var r = obj.record;  var id = r.get("id");  var name = r.get("name");
    var c = this.record2obj(r);  var tree = this.tree;
    var node = tree.getSelectionModel().getSelectedNode();
    if (node && node.id != "root")
        c.parentId = node.id;
    if (id == " - 1" && name != "") {
        topicCategoryService.addTopicCategory(c, function(id){
            if (id)
                r.set("id", id);
            if (!node)
                node = tree.root;
            node.appendChild(new Ext.tree.TreeNode({
                id: id,  text: c.name,  leaf: true
            }));
            node.getUI().removeClass('x - tree - node - leaf');
            node.getUI().addClass('x - tree - node - expanded');
            node.expand();
        });
    }
    else
        if (name != "") {
            topicCategoryService.updateTopicCategory(r.get("id"), c, function(ret){
                if (ret)
                    tree.getNodeById(r.get("id")).setText(c.name);
            });
        }
}
```

3. 与服务器交互

在实际的应用中，表格中的数据一般都是直接存放在数据库表或服务器的文件中。因此，在使用表格控件的时候经常需要与服务器进行交互。Ext JS 使用 AJAX 方式提供了一套与服务器交互的机制，也就是可以不用刷新页面，就可以访问服务器的程序进行数据读取或数据保存等操作。比如前面在表格中显示 xml 文档中数据的例子中，就是一个非常简单的从服务器端读取数据的例子。

代码实例 3-62：

```
var store = new Ext.data.Store({
    url: "hello.xml",
    reader: new Ext.data.XmlReader({
        record: "row"
    },
    ["id", "cor", "dep", "manager"])
});
```

因为 Store 组件接受了一个参数 url，如果设置 url，则 Ext JS 会创建一个与服务器交互的 Ext.data.HttpProxy 对象，该对象通过指定的 Connection 或 Ext.AJAX.request 来向服务端发送请求，从而可以读取到服务器端的数据。服务器端产生 JSon 数据是一种非常不错的选择，也就是说，假如服务器的 url"student.ejf?cmd=list"产生如代码实例 3-63 所示的 JSON 数据输出。

代码实例 3-63：

```
{results: [
    { id:1, name: '小王', email: 'xiaowang@easyjf.com', sex: '男', bornDate: '1991-4-4' },
    { id:1, name: '小李', email: 'xiaoli@easyjf.com', sex: '男', bornDate: '1992-5-6' },
    { id:1, name: '小兰', email: 'xiaoxiao@easyjf.com', sex: '女', bornDate: '1993-3-7' } ]
}
```

可以创建显示学习信息编辑表格的 Store 组件，如代码实例 3-64 所示。

代码实例 3-64：

```
var store = new Ext.data.Store({
    url: "student.ejf?cmd=list",
    reader: new Ext.data.JsonReader(
        { root: "result" },
        [ "id", "name", "email", "sex","bornDate" ] )
});
```

代码实例 3-64 中 root 表示包含记录集数据的属性。如果在运行程序中需要给服务器端发送数据的时候，此时可以直接使用 Ext JS 中提供的 Ext.AJAX 对象的 request 方法。比如代码实例 3-65 实现放服务器的 student.ejf?cmd=save 这个 url 发起一个请求，并在 params 中指定发送的 Student 对象。

代码实例 3-65：

```
var store = new Ext.data.JsonStore({
    url: "student.ejf?cmd=list", root: "result", fields: ["id", "name", "email", "sex"]
});
function sFn(){ alert('保存成功'); }
function fFn(){ alert('保存失败'); }
Ext.AJAX.request({
    url: "student.ejf?cmd=save", success: sFn, failure: fFn,
    params: { name: '小李', email: 'xiaoli@easyjf.com', bornDate: '1992-5-6', sex: '男' }
});
```

3.3.10 数据存储 Store

1. Record

在前面的表格应用中，已经知道表格的数据是存放类型为 Store 的数据存储器中，通过指定表格 Grid 的 store 属性来设置表格中显示的数据,调用 store 的 load 或 reload 方法可以重新加载表格中的数据。Ext JS 中用来定义控件中使用数据的 API 位于 Ext.dd 命名空间中,本章重点对 Ext JS 中的数据存储 Store 进行介绍。

首先需要明确是,Ext JS 中有一个名为 Record 的类,表格等控件中使用的数据是存放在 Record 对象中,一个 Record 可以理解为关系数据表中的一行,也可以称为记录。Record 对象中即包含了记录(行中各列)的定义信息(也就是该记录包含哪些字段,每一个字段的数据类型等),同时又包含了记录具体的数据信息(也就是各个字段的值)。

代码实例 3-66:

```
Ext.onReady(function(){
    var MyRecord = Ext.data.Record.create([
        { name: 'title' },
        { name: 'username', mapping: 'author' },
        { name: 'loginTimes', type: 'int' },
        { name: 'lastLoginTime', mapping: 'loginTime', type: 'date' } ]);
    var r = new MyRecord(
        { title:"日志标题", username:"easyjf", loginTimes:100, loginTime: new Date() } );
    alert(MyRecord.getField("username").mapping);
    alert(MyRecord.getField("lastLoginTime").type);
    alert(r.data.username);
    alert(r.get("loginTimes"));
});
```

首先用 Record 的 create 方法创建一个记录集 MyRecord,MyRecord 是一个类,该类包含了记录集的定义信息,可以通过 MyRecord 来创建包含字段值的 Record 对象。在代码实例 3-66 中,最后的几条语句用来输出记录集的相关信息,MyRecord.getField("username") 可以得到记录中 username 列的字段信息,r.get("loginTimes") 可以得到记录 loginTimes 字段的值,而 r.data.username 同样能得到记录集中 username 字段的值。对 Record 有了一定的了解后,要操作记录集中的数据就非常简单了,比如 r.set(name,value) 可以设置记录中某指定字段的值,r.dirty 可以得到当前记录是否有字段的值被更改过等。

2. Store

Store 可以理解为数据存储器,可以理解为客户端的小型数据表,提供缓存等功能。在 Ext JS 中,GridPanel、ComboBox、DataView 等控件一般直接与 Store 打交道,直接通过 store 来获得控件中需要展现的数据等。一个 Store 包含多个 Record,同时 Store 又包含了数据来源,数据解析器等相关信息,Store 通过调用具体的数据解析器(DataReader)来解析指定类型或格式的数据(DataProxy),并转换成记录集的形式保存在 Store 中,作为其他控件的数据输入。

数据存储器由 Ext.data.Store 类定义,一个完整的数据存储器需要数据源(DataProxy)及数据解析方式(DataReader)才能工作,在 Ext.data.Store 类中数据源由 proxy 配置属性定义、数据解析(读取)器由 reader 配置属性定义。

创建 Store 的标准如代码实例 3-67 所示。

代码实例 3-67：

```
var MyRecord = Ext.data.Record.create([
    { name: 'title' },
    { name: 'username', mapping: 'author' },
    { name: 'loginTimes', type: 'int' },
    { name: 'lastLoginTime', mapping: 'loginTime', type: 'date'} ]);
var dataProxy = new Ext.data.HttpProxy({ url: "link.ejf" });
var theReader = new Ext.data.JsonReader(
    { totalProperty: "results", root: "rows", id: "id" },
    MyRecord);
var store = new Ext.data.Store(
    { proxy: dataProxy, reader: theReader });
store.load();
```

当然，这样代码会较多，Store 中本身提供了一些快捷创建 Store 的方式，如代码实例 3-67 中可以不用先创建一个 HttpProxy，只需要在创建 Store 的时候指定一个 url 配置参数，就会自动使用 HttpProxy 来加载参数。

将代码实例 3-67 进行简化，如代码实例 3-68 所示。

代码实例 3-68：

```
var MyRecord = Ext.data.Record.create([
    { name: 'title' },
    { name: 'username', mapping: 'author' },
    { name: 'loginTimes', type: 'int' },
    { name: 'lastLoginTime', mapping: 'loginTime', type: 'date' } ]);
var theReader = new Ext.data.JsonReader(
    { totalProperty: "results", root: "rows", id: "id" },
    MyRecord );
var store = new Ext.data.Store(
    { url: "link.ejf", proxy: dataProxy, reader: theReader} );
store.load();
```

虽然不再需要手动创建 HttpProxy 了，但是仍然需要创建 DataReader 等，毕竟还是复杂。Ext JS 进一步把这种常用的数据存储器进行了封装，在 Store 类的基础上提供了 SimpleStore、SimpleStore、GroupingStore 等，直接使用 SimpleStore，则代码实例 3-68 可以进一步简化。

代码实例 3-69：

```
var store = new Ext.data.JSonStore(
    { url: "link.ejf?cmd = list", totalProperty: "results", root: "rows",
    fields: [ 'title',
        { name: 'username', mapping: 'author' },
        { name: 'loginTimes', type: 'int' },
        { name: 'lastLoginTime', mapping: 'loginTime', type: 'date' } ]
    }
);
store.load();
```

3. DataReader

DataReader 表示数据读取器，也就是数据解析器，其负责把从服务器或者内存数组、xml 文档中获得的杂乱信息转换成 Ext JS 中的记录集 Record 数据对象，并存储到 Store 中的记录集数组中。数据解析器的基类由 Ext.data.DataReader 定义，其他具体的数据解析器都是该类的子类，Ext JS 中提供了读取二维数组、JSon 数据及 Xml 文档的 3 种数据解析器，分别用于把内存中的二级数组、JSON 格式的数据及 XML 文档信息解析成记录集。

1）ArrayReader

Ext.data.ArrayReader——数组解析器，用于读取二维数组中的信息，并转换成记录集 Record 对象。

代码实例 3-70：

```
var MyRecord = Ext.data.Record.create([
    { name: 'title',  mapping: 1 },
    { name: 'username', mapping: 2 },
    { name: 'loginTimes', type: 3 } ]);
var myReader = new Ext.data.ArrayReader(
    { id: 0 },  MyRecord );
```

这里的 myReader 可以读取二维数组：

```
[[1,'测试','小王',3],[2,'新年好','williamraym',13]]
```

2）JsonReader

Ext.data.JsonReader——Json 数据解析器，用于读取 JSON 格式的数据信息，并转换成记录集 Record 对象。

代码实例 3-71：

```
var MyRecord = Ext.data.Record.create([
    { name: 'title' },
    { name: 'username', mapping: 'author' },
    { name: 'loginTimes', type: 'int' } ]);
var myReader = new Ext.data.JsonReader(
    { totalProperty: "results", root: "rows", id: "id" },
    MyRecord );
```

代码实例 3-71 的 JsonReader 可以解析下面的 JSON 数据：

```
{ 'results': 2, 'rows': [
    { id: 1, title: '测试', author: '小王', loginTimes: 3 },
    { id: 2, title: 'Ben', author: 'williamraym', loginTimes:13} ]
}
```

JSonReader 还有比较特殊的用法，可以把 Store 中记录集的配置信息存放直接保存在从服务器端返回的 JSON 数据中，如：

```
var myReader = new Ext.data.JsonReader();
```

一个不带任何参数的 myReader，可以处理从服务器端返回的下面 JSON 数据。

代码实例 3-72：

```
{   'metaData':
    {
        totalProperty: 'results',  root: 'rows',  id: 'id',
        fields: [  {  name: 'title'  },
                   {  name: 'username', mapping: 'author'  },
                   {  name: 'loginTimes', type: 'int'  }  ]
    },
    'results': 2, 'rows': [
        {  id: 1, title: '测试', author: '小王', loginTimes: 3  },
        {  id: 2, title: '新年好', author: 'williamraym', loginTimes:13  }  ]
}
```

3) XmlReader

Ext.data.XmlReader——XML 文档数据解析器，用于把 XML 文档数据转换成记录集
Record 对象。

代码实例 3-73：

```
var MyRecord = Ext.data.Record.create([
    {  name: 'title'  },
    {  name: 'username',  mapping: 'author'  },
    {  name: 'loginTimes',  type: 'int'  }
]);
var myReader = new Ext.data.XmlReader(
    {  totalRecords: "results",  record: "rows",  id: "id"  },
    MyRecord
);
```

代码实例 3-73 的 myReader 能够解析代码实例 3-73 的 xml 文档信息.

代码实例 3-74：

```
< TOPICS >< results > 2 </results >
  < ROW >
    < id > 1 </id >< title >测试</title >< author >小王</author >< loginTimes > 3 </loginTimes >
  </ROW >
  < ROW >
    < id > 2 </id >< title >您好</title >< author >小李</author >< loginTimes > 13 </loginTimes >
  </ROW >
</TOPICS >
```

4. DataProxy 与自定义 Store

DataProxy 字面解释就是数据代理，也可以理解为数据源，即从哪儿或如何得到需要交

给 DataReader 解析的数据。数据代理(源)基类由 Ext.data.DataProxy 定义,在 DataProxy 的基础,Ext JS 提供了 Ext.data.MemoryProxy、Ext.data.HttpProxy、Ext.data. ScriptTagProxy 三个分别用于从客户端内存数据、AJAX 读取服务器端的数据及从跨域服务器中读取数据三种实现。比如像 SimpleStore 等存储器是直接从客户端的内存数组中读取数据,此时就可以直接使用 Ext.data.MemoryProxy,而大多数需要从服务器端加载的数据直接使用 Ext.data.HttpProxy,HttpProxy 直接使用 Ext.AJAX 加载服务器的数据,由于这种请求是不能跨域的,所以要读取跨域服务器中的数据时就需要使用到 Ext.data. ScriptTagProxy。

在实际应用中,除了基本的从内存中读取 JavaScript 数组对象,从服务器读取 JSON 数组,从服务器取 xml 文档等形式的数据外,有时候还需要使用其他的数据读取方式。比如熟悉 EasyJWeb 中远程 Web 脚本调用引擎或 DWR 等框架的都知道,通过这些框架可以直接在客户端使用 JavaScript 调用服务器端业务组件的方法,并把服务器端的结果返回到客户端,客户端得到的是一个 JavaScript 对象或数组。由于这种方式的调用是异步的,因此,相对来说有点特殊,即不能直接使用 Ext.data.MemoryProxy,也不能直接使用 Ext.data. HttpProxy,当然更不需要 Ext.data.ScriptTagProxy,这时候就需要创建自定义的 DataProxy 及 Store,然后使用这个自定义的 Store 来实现这种基于远程脚本调用引擎的框架得到数据。

3.3.11 TeePanel

1. TreePanel

在应用程序中,经常会涉及要显示或处理树状结构的对象信息,比如部门信息、地区信息,或者是树状的菜单信息,操作系统中的文件夹信息等。对于传统的 html 页面来说,要自己实现显示树比较困难,需要写很多的 JavaScript,特别是对于基于 AJAX 异步加载的树来说,不但涉及 AJAX 数据加载及处理技术,还需要考虑跨浏览器支持等,处理起来非常麻烦。Ext JS 中提供了现存的树控件,通过这些控件可以在 B/S 应用中快速开发出包含树结构信息的应用。

1) TreePanel 简单示例

树控件由 Ext.tree.TreePanel 类定义,控件的名称为 treepanel,TreePanel 类继承自 Panel 面板,在 Ext JS 中使用树控件其实非常简单。

代码实例 3-75:

```
Ext.onReady(function(){
    var root = new Ext.tree.TreeNode({
        id: "root",  text: "树的根"
    });
    root.appendChild(new Ext.tree.TreeNode({
        id: "c1",  text: "子节点"
```

123

```
    }));
    var tree = new Ext.tree.TreePanel({
        renderTo: "itecEdu",  root: root,  width: 100
    });
});
```

代码实例 3-75 的第一句使用 new Ext.tree.TreeNode 类来创建一个树节点,第二句使用树节点的 root 的 appendChild 方法来往该节点中加入一个子节点,最后直接使用 new Ext.tree.TreePanel 来创建一个树面板,要树面板的初始化参数中指定树的 root 属性值为前面创建的 root 节点,也就是树根节点。

树的节点信息。Ext JS 的树控件提供了对这种功能的支持,只需要在创建树控件的时候,通过给树指定一个节点加载器,可以用来从服务器端动态加载树的节点信息。

代码实例 3-76:

```
var root = new Ext.tree.AsyncTreeNode({
    id: "root",  text: "树的根"
});
var tree = new Ext.tree.TreePanel({
    renderTo: "itecEdu",  root: root,
    loader: new Ext.tree.TreeLoader({  url: "treedata.js"  }),
    width: 100
});
```

代码实例 3-77: treedata.js 返回的内容。

```
[  {  id: 1,  text: '子节点 1',  leaf: true  },
   {  id: 2,  text: '儿子节点 2',  children:[  {  id:3,  text: '孙子节点',  leaf:true  }  ]  }
]
```

执行代码实例 3-76 和代码实例 3-77,可以得到一棵异步加载子节点的树,单击"根节点"会到服务器端加载子节点。当然上面的程序是一次性加载完了树的所有节点信息,也可以实现让每一个节点都支持动态加载的树,只需要在通过服务器请求数据的时候,每次服务器端返回的数据只包含子节点,而不用把孙子节点也返回即可。比如把上面 treedata.js 中的内容改为:[{ id:1,text:'子节点',leaf: false }],也就是节点树中只包含一个子节点,而该子节点通过指定 leaf 值为 false(默认情况该值为 false),表示该节点不是一个叶子节点,其下面还有子节点。当然这是一个无限循环的树,在实际应用中服务器端返回的数据是程序动态产生的,因此不可能每一次都产生 leaf 为 false 的节点,如果是叶子节点的时候,则需要把返回的 JOSN 对象中的 leaf 设置为 true,如:

```
[ { id: 1, text: '子节点', leaf: true } ]
```

2)事件处理

当然,仅仅能显示一棵树还不够,一般还需要在用户单击树节点的时候执行相应的东西。比如打开某一个连接,执行某一个函数等,这就需要使用到事件处理。

代码实例 3-78：

```
Ext.onReady(function(){
    var root = new Ext.tree.TreeNode({  id: "root",  text:"树的根"  });
    var c1 = new Ext.tree.TreeNode({  id: "c1",  text:"子节点"  });
    root.appendChild(c1);
    var tree = new Ext.tree.TreePanel({  renderTo: "itecEdu",  root: root,  width: 100  });
    tree.on("click", function(node, event){  alert("您点击了" + node.text);  });
    c1.on("click", function(node, event){  alert("您点击了" + node.text);  });
});
```

执行代码实例 3-78，当用户单击树控件中的任意节点时，都会弹出一个提示信息框，当用户单击 c1 这个子节点时，会弹出两次提示信息框。因为除了指定 tree 的 click 事件响应函数以外，另外又给 node 节点指定单独的事件响应函数。当然，如果只是要实现当单击树节点时跳到某一个指定 url 的功能则非常简单。

代码实例 3-79：

```
Ext.onReady(function(){
    var root = new Ext.tree.TreeNode({
        id: "root",  href: "http://itec.com",  hrefTarget:"_blank",  text:"树的根"  });
    var c1 = new Ext.tree.TreeNode({
        id: "c1",  href: "http://itec.com",  hrefTarget:"_blank",  text:"子节点"  });
    root.appendChild(c1);
    var tree = new Ext.tree.TreePanel({
        renderTo: "hello",  root: root,  width: 100  });
});
```

执行代码实例 3-79，单击树节点，将会在浏览新窗口中打开节点中 href 指定的链接。

2. TreeNode

在 Ext JS 中，不管是叶子节点还是非叶子节点，都统一用 TreeNode 表表示树的节点。Ext JS 中，有两种类型的树节点。一种节点是普通的简单树节点，由 Ext.tree.TreeNode 定义，另外一种是需要异步加载子节点信息的树节点，该类由 Ext.tree.AsyncTreeNode 定义。

代码实例 3-80：

```
Ext.onReady(function(){
    var tree = new Ext.tree.TreePanel({
        renderTo: "itecEdu",  width: 100
        root: new Ext.tree.AsyncTreeNode({  text:"根节点"  }),
    });
});
```

执行代码实例 3-80，单击树中的"根节点"则会一直发现树会尝试加载这个节点的子节点，由于这里没有指定树的加载器，所以"根节点"会变成一直处于加载的状态。对于普通的 TreeNode 来说，可以通过调用节点的 appendChild、removeChild 等方法来向该节点中加入子节点或删除子节点等操作，TreeNode 与 AsyncTreeNode 可以同时使用。

代码实例 3-81：

```
Ext.onReady(function(){
    var root = new Ext.tree.TreeNode({ id: "root", text: "树的根" });
    var c1 = new Ext.tree.TreeNode({ text: "子节点 1" })
    var c2 = new Ext.tree.AsyncTreeNode({ text: "子节点 2" });
    root.appendChild(c1); root.appendChild(c2);
    var tree = new Ext.tree.TreePanel({
        renderTo: "itecEdu", root: root, width: 300,
        loader: new Ext.tree.TreeLoader({ applyLoader: false, url: "treedata.js" })
    });
});
```

treedata.js 中的内容仍然不变。执行代码实例 3-80
可以得到如图 3-37 所示的树状结构。

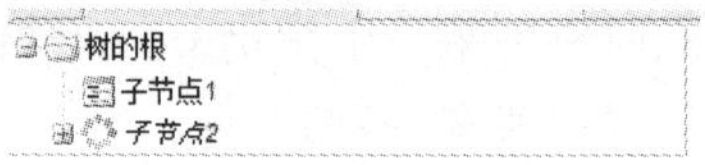

另外要在树以外的程序中得到当前选择的节点，可
以通过 TreePanel 的 getSelectionModel 方法来获得，该
方法默认返回的是 Ext.tree.DefaultSelectionModel 对
象，DefaultSelectionModel 的 getSelectedNode 方法返回当前选择的树节点。比如要得到树
tree 中当前选择节点，代码为：

图 3-37　代码实例 3-80 的运行结果

```
tree.getSelectionModel().getSelectedNode()
```

3. TreeLoader

对于 Ext JS 中的树来说，树加载器 TreeLoader 是一个比较关键的部件，树加载器由
Ext.tree.TreeLoader 类定义，只有 AsyncTreeNode 才会使用 TreeLoader。

代码实例 3-82：

```
Ext.onReady(function(){
    var loader = new Ext.tree.TreeLoader({ url: "treedata.js" });
    var root = new Ext.tree.AsyncTreeNode({ id: "root",text: "根节点",loader: loader });
    var tree = new Ext.tree.TreePanel({ renderTo: "itecEdu",root: root,width: 100 });
});
```

首先使用 Ext.tree.TreeLoader 来初始化了一个 TreeLoader 对象，构造函数中的配置
参数 url 表示获得树节点信息的 url。然后在初始化根节点的时候我们使用的是
AsyncTreeNode，在该节点中指定该节点的 laoder 为前面定义的 loader。执行这段程序，在
单击"根节点"时，会从服务器端指定 root 节点的子节点信息。

TreeLoader 严格来说是针对树的节点来定义的，可以给树中的每一个节点定义不同的
TreeLoader。默认情况下，如果一个 AsyncTreeNode 节点在准备加载子节点的时候，如果该节
点上没有定义 loader，则会使用 TreePanel 中定义的 loader 作为加载器。因此，可以直接在
TreePanel 上面指定 loader 属性，这样就不需要给每一个节点指定具体的 TreeLoader 了。

第 4 章　Java B/S 开发技巧

4.1　JSP/Servlet 技术

4.1.1　Servlet/JSP 简介

自 1997 年 3 月 Sun Microsystems 公司所组成的 JavaSoft 部门将 Servlet API 定案以来,推出了 Servlet API 1.0。就当时的功能来说,Servlet 所提供的功能包含了当时的 CGI (Common GatewayInterface)与 Netscape Server API(NSAPI)之类产品的功能。Servlet API 是一个具有跨平台特性、100% Pure Java 的 Server-Side 程序,它相对于在 Client 端执行的 Applet。Servlet 不只限定于 HTTP 协议,开发人员可以利用 Servlet 自定义或延伸任何支持 Java 的 Server——包括 Web Server、Mail Server、Ftp Server、Application Server 或任何自定义的 Server。

Servlet 在后台业务逻辑处理能力是非常出众的,因为可以理解其就是一个特殊的 Java 类,它包含了所有 Java 的优点,但细心的读者可能会在后面的代码中逐渐发现虽然 Servlet 具有页面显示的功能但实现起来也是相当复杂的,因为开发人员需要将大量的 HTML 语句写入到 out. print(" ")方法中。SUN 公司也发觉这个问题的弊病,所以在 Servlet 推出后不久 SUN 公司便推出了 JSP 这技术弥补了 Servlet 这一弱点,由于 JSP 和 HTML 代码非常相似,所以开发人员分工和效率得到极大的优化。

1. 技术特点

1) 可移植性(Portability)

Servlet 皆是利用 Java 语言来开发的,延续 Java 在跨平台上的表现,不论 Server 的操作系统是 Windows、Solaris、Linux、HP-UX、FreeBSD、Compaq Tru 64、AIX 等,都能够将所写好的 Servlet 程序放在这些操作系统上执行。借助 Servlet 的优势,就可以真正达到"Write Once,Serve Anywhere"的境界,这正是从事 Java 程序员最感到欣慰也是最骄傲的地方。当程序员在开发 Applet 时,时常为了"可移植性"(portability)让程序员感到绑手绑脚的。例如:开发 Applet 时,为了配合 Client 端的平台(即浏览器版本的不同,plug-in 的 JDK 版本也不尽相同),达到满足真正"跨平台"的目的时,需要花费程序员大量时间来修改程序,为的就是能够让用户皆能执行。但即使如此,往往也只能满足大部分用户,而其他少数用户,若要执行 Applet,仍须先安装合适的 JRE(Java Runtime Environment)。

但是 Servlet 就不同了,主要原因在于 Servlet 是在 Server 端上执行的,程序员只要专心开发能在实际应用的平台环境下测试无误即可。除非是从事做 Servlet Container 的公司,否则不须担心写出来的 Servlet 是否能在所有的 Java Server 平台上执行。

2) 强大的功能

Servlet 能够完全发挥 Java API 的威力,包括网络和 URL 存取、多线程(Multi-Thread)、影像处理、RMI(Remote Method Invocation)、分布式服务器组件(Enterprise Java Bean)、对象序列化(Object Serialization)等。若想写个网络目录查询程序,则可利用 JNDI API;想连接数据库,则可利用 JDBC,有这些强大功能的 API 做后盾,相信 Servlet 更能够发挥其优势。

3) 性能

Servlet 在加载执行之后,其对象实体通常会一直停留在 Server 的内存中,若有请求(request)发生时,服务器再调用 Servlet 来服务,假若收到相同服务的请求时,Servlet 会利用不同的线程来处理,不像 CGI 程序必须产生许多进程(process)来处理数据。在性能的表现上,大大超越以往撰写的 CGI 程序。最后,Servlet 在执行时不是一直停留在内存中,服务器会自动将停留时间过长一直没有执行的 Servlet 从内存中移除,不过有时候也可以自行写程序来控制。至于停留时间的长短通常和选用的服务器有关。

4) 安全性

Servlet 有类型检查(Type Checking)的特性,并且利用 Java 的垃圾收集(Garbage Collection)与没有指针的设计,使得 Servlet 避免内存管理的问题。

由于在 Java 的异常处理(Exception Handling)机制下,Servlet 能够安全地处理各种错误,不会因为发生程序上逻辑错误而导致整体服务器系统的毁灭。例如,某个 Servlet 发生除以零或其他不合法的运算时,它会抛出一个异常(Exception)让服务器处理。

2. 主要功能

Servlet 的主要功能在于交互式地浏览和修改数据,生成动态 Web 内容。这个过程为:

(1) 客户端发送请求至服务器端。

(2) 服务器将请求信息发送至 Servlet。

(3) Servlet 程序能够调用 JavaBean、JDBC、其他 Servlet、RMI、EJB、SOAP 和 JNI 等程序完成指定的功能并能生成响应内容并将其传给 Server。响应内容动态生成,通常取决于客户端的请求服务器将响应返回给客户端。

(4) 在应用中,Servlet 起到中间层的作用,将客户端和后台的资源隔离开来。Servlet 的 API 类主要放在 javax. servlet 和 javax. servlet. http 这两个包中。Servlet 类图如图 4-1 所示。

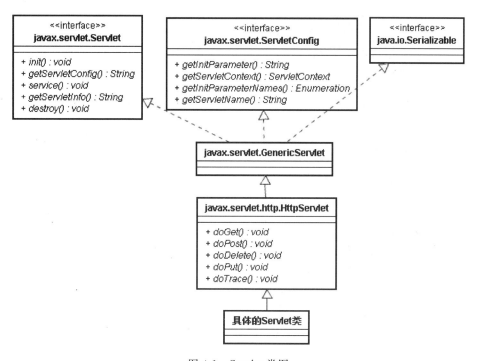

图 4-1　Servlet 类图

Servlet 看起来像是通常的 Java 程序。Servlet 导入特定的属于 Java Servlet API 的包。因为是对象字节码,可动态地从网络加载,可以说 Servlet 对 Server 就如同 Applet 对 Client 一样,但是,由于 Servlet 运行于 Server 中,它们并不需要一个图形用户界面。从这个角度讲,Servlet 也被称为 Faceless Object。

3. 使用 Eclipse 创建 Servlet 实例

（1）创建 Web 项目,并创建一个包(Package)以存放 Servlet 类,在包中新建 Servlet,Eclipse 中创建 Servlet 步骤 1 如图 4-2 所示。

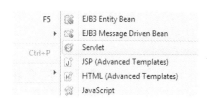

图 4-2　Eclipse 中创建 Servlet 步骤 1

（2）在 Create a new Servlet 面板中输入新创建的 Servlet 名称,并可选择会用到的一些初始函数。设置完毕后单击 Next 按钮直至完成即可。Eclipse 中创建 Servlet 步骤 2 如图 4-3 所示。

4. Servlet 中的常用导入包

（1）javax. servlet. *：存放与 HTTP 协议无关的一般性 Servlet 类。

（2）javax. servlet. http. *：除了继承 javax. servlet. * 之外,并且还增加与 HTTP 协议有关的功能。所有 Servlet 都必须实现 javax. servlet. Servlet 接口(Interface),但是通常都会从 javax. servlet. GenericServlet 或 javax. servlet. http. HttpServlet 来实现。若写的 Servlet 程序和 HTTP 协议无关,那么必须继承 GenericServlet 类若有关,就必须继承 HttpServlet 类。

图 4-3　Eclipse 中创建 Servlet 步骤 2

（3）javax. servlet. ＊的 ServletRequest 和 ServletResponse 接口：提供存取一般请求和响应。

（4）javax. servlet. http. ＊的 HttpServletRequest 和 HttpServletResponse 接口：提供 HTTP 请求及响应的存取服务。

4.1.2　Servlet 常用方法介绍

1. init()方法

在 Servlet 程序中都默认存在 init( )的方法。当 Servlet 被容器加载后，首先会先执行 init()的内容。通常利用 init()来执行一些初始化工作。比如记录 Servlet 开始工作的时间，数据库路径读取和配置文件的读取以及日志记录等工作。

基本语法：

```
/* Initialization of the servlet. <br>
 * @throws ServletException if an error occurs */
public void init() throws ServletException {
   // Put your code here
}
```

2. service()方法

基本语法：

```
public abstract void service (ServletRequest request, ServletResponse response) throws
ServletException, java.io.IOException {
    ……
}
```

形参中的 request 和 response 对象是 ServletRequest 和 ServletResponse 类型的,强制类型转换为 HttpServletRequest 和 HttpServletResponse 类型后,对象的作用和用法同 JSP 隐含对象中的 request 和 response。HttpServlet 中处理客户端请求的业务逻辑代码是在 doGet/Post()方法中实现,不是在 service()方法内实现。HttpServlet 类对 service()方法做了重置,它实现的业务逻辑功能是:根据客户端 HTTP 请求的类型(method="post/get")决定去调用哪个 doXXX()方法来处理客户端的请求。

3. doGet()和 doPost()方法

1) doGet()方式

当客户端以 GET 方式提交请求时,该方法被自动调用来处理客户端的请求。形参 request 和 response 的含义同 JSP 隐含对象中的 request 和 response。

2) doPsot()方式

当客户端以 POST 方式提交请求时,该方法被自动调用来处理客户端的请求；HTTP POST 方式允许客户端给 Web 服务器发送不限长度的数据(如上传文件)；形参中的 request 和 response 含义同 JSP 隐含对象。

Servlet 可以利用 HttpServletResponse 类的 setContentType()方法来设定内容类型,要显示为 HTML 网页类型,内容类型设为"text/html",这是 HTML 网页的标准 MIME 类型值。之后,Servlet 用 getWriter()方法取得 PrintWriter 类型的 out 对象,它与 PrintSteam 类似,但是它能对 Java 的 Unicode 字符进行编码转换。最后,再利用 out 对象把"Hello World"的字符串显示在网页上。

3) destory()方法

基本语法：

```
/* Destruction of the servlet. <br> */
public void destroy() {
    super.destroy();        // Just puts "destroy" string in log     // Put your code here
}
```

若当容器结束 Servlet 时,会自动调用 destroy()。通常利用 destroy()来关闭资源或是写入文件等。

4.1.3　Servlet 生命周期介绍

Servlet 是用 Java 编写的应用程序,在服务器上运行,处理请求信息并将其发送到客户端。对于客户端的请求,只需创建 Servlet 的实例一次,因此节省了大量的内存资源。Servlet 在初始化后就保留在内存中,因此每次作出请求时无须加载。但每个 Servlet 都存在着自己的生命周期,不可能无限制的存在于内存中。Servlet 的生命周期分为 3 个阶段。

1. 初始化与加载阶段

Servlet 容器创建 Servlet 类的实例如代码实例 4-1 所示。

代码实例 4-1：

```
public void init(ServletConfig config) throws ServletException {
    super.init(config);
    ......
}
```

Servlet 程序被实例化后,Servlet 容器自动调用 init()方法。成功调用后,Servlet 对象进入等待服务请求状态。如果不调用 super.init()把 ServletConfig 对象保存在父类对象中,则 Servlet 程序要将此对象保存在类成员变量中。init()方法能够读取 web.xml 部署文件中定义的 Servlet 初始化参数。

在 Web.xml 中的定义如代码实例 4-2 所示。

代码实例 4-2：

```
< servlet >
    < servlet - name > Demo_servlet </servlet - name >
    < servlet - class > com. DP. servlet. Demo_servlet </servlet - class >
    < init - param >
        < param - name > name </param - name >
        < param - value > itec </param - value >
    </init - param > 4
</servlet >
```

代码实例 4-2 是 Servlet 程序 com. DP. servlet. Demo_servlet 的部署信息,其中<init-param> </init-param>元素为 Servlet 程序定义了一个初始化参数"name = itec",这个初始化参数可在 HttpServlet 的 init()中读取。

代码实例 4-3：

```
public void init(ServletConfig config) throws ServletException {
    System.out.println("servlet 开始初始化");
    super.init(config);
    Enumeration e = config.getInitParameterNames();
```

```
while(e.hasMoreElements()) {
    String name = (String)e.nextElement();
    String value = config.getInitParameter(name);
    System.out.println(name + " : " + value);
    }
}
```

2. 处理请求阶段

由容器调用 service()方法(也就是 doGet()和 doPost())用于处理请求等。服务器收到调用 Servlet 程序的请求后,HttpServlet 的 service()将被执行,service()方法分析请求的类型,调用相应的 doXXX()方法处理请求。在 HttpServlet 中,doXXX()不是抽象方法,用户程序应该根据需要重置某个 doXXX()方法。

3. 服务销毁阶段

在释放 Servlet 实例之前调用 destroy()方法,通常会释放资源。销毁阶段表示在撤销一个 Servlet 对象之前,释放 init()在初始化阶段创建的资源,HttpServlet 中用 destroy()方法表示销毁阶段的执行,destroy()方法运行结束表示 Servlet 生命周期结束。

4.1.4 JSP 技术

JavaServer Pages 技术是一个纯 Java 平台的技术,它主要用来产生动态网页内容,包括 HTML、DHTML、XHTML 和 XML。JavaServer Pages 技术,能够让网页制作人员轻易建立起功能强大、有弹性的动态内容。这时,会发现静态网站存在无法实现搜索、登录、购买等交互功能、无法对静态页面的内容在线更新等局限性。

1. B/S 程序的优势

B/S 程序与 C/S 程序相比较,其优势如图 4-4、图 4-5 和图 4-6 所示。

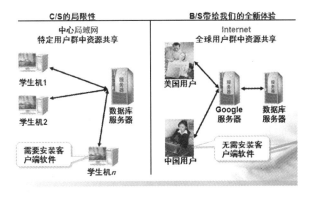

图 4-4 B/S 程序较 C/S 程序的优势 1

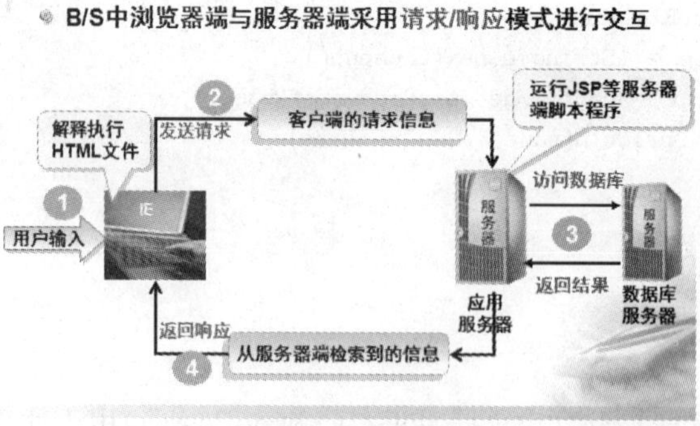

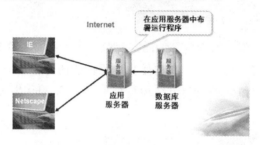

图 4-5 B/S 程序较 C/S 程序的优势 2

图 4-6 B/S 程序较 C/S 程序的优势 3

2. JSP(Java Server Pages)的技术优势

1）一次编写，各处执行(Write Once，Run Anywhere)特性

作为 Java 平台的一部分，JSP 技术拥有 Java 语言"一次编写，各处执行"的特性。随着越来越多的供货商将 JSP 技术添加到产品中，可以针对自己公司的需求，做出审慎评估后，选择符合公司成本及规模的服务器，假若未来的需求有所变更时，更换服务器平台并不影响之前所投下的成本、人力所开发的应用程序。

2）搭配可重复使用的组件

JSP 技术可依赖于重复使用跨平台的组件（如 JavaBean 或 Enterprise JavaBean 组件）来执行更复杂的运算、数据处理。开发人员能够共享开发完成的组件，或者能够加强这些组件的功能，让更多用户或是客户团体使用。基于善加利用组件的方法，可以加快整体开发过程，也大大降低了公司的开发成本和人力。

3）采用标签化页面开发

Web 网页开发人员不一定都是熟悉 Java 语言的程序员。因此，JSP 技术能够将许多功能封装起来，成为一个自定义的标签，这些功能是完全根据 XML 的标准来制订的，即 JSP 技术中的标签库。因此，Web 页面开发人员可以运用自定义好的标签来达成工作需求，而无须再写复杂的 Java 语法，让 Web 页面开发人员能快速开发出一动态内容网页。

3. JSP 工作流程

JSP 的工作流程如图 4-7 所示,其流程如下:

(1) 首先将 Java 脚本语言嵌入 JSP 页面。

(2) 在服务器端,带有 Java 脚本的 JSP 页面会被转换成 Servlet 文件并被应用服务器编译执行。

(3) 执行页面脚本所携带的业务逻辑(一般为数据库相关操作)。

(4) 将执行结果转换成 HTML 标准文档并反馈给发起请求的客户端。

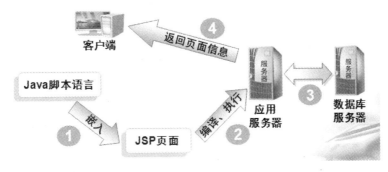

图 4-7 JSP 的工作流程

4. 页面包含的内容

页面包含的内容如表 4-1 所示。

表 4-1 页面包含的内容

内　　　容	说　　　明
静态内容	HTML 静态文本
指令	以"<%@"开始,以"%>"结束
表达式	<%＝Java 表达式%>
小脚本	<% Java 代码 %>
声明	<%! 方法 %>
标准动作	以"<jsp:动作名"开始,以"/jsp:动作名>"结束
注释	<! --客户端可以查看到的注释 --%> <%-- 客户端不能查看到的注释 --%>

5. JSP 脚本元素

JSP 脚本元素是用来嵌入 Java 代码的,主要用来实现页面的动态请求等功能,JSP 脚本元素如图 4-8 所示。

1) 小脚本(Scriptlet)

小脚本其实就是一段嵌入 JSP 页面内的 Java 代码。

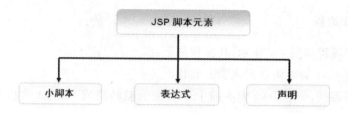

图 4-8　JSP 脚本元素

代码实例 4-4:

```
<%@ page language = "java" import = "java.util. *, java.text. *" contentType = "text/html;
charset = GBK" %>
<HTML>
    <HEAD><TITLE>输出当前日期</TITLE></HEAD>
    <BODY>
        你好,软件学院!今天是
        <%                                    //在 jsp 中嵌入 Java 代码
        SimpleDateFormat formatter = new SimpleDateFormat("yyyy 年 MM 月 dd 日");
        String strCurrentTime = formatter.format(new Date());
        Out.println(strCurrentTime);    %>
    </BODY>
</HTML>
```

2) 表达式

表达式是对数据的表示,系统将其作为一个值进行计算和显示,表达式与小脚本显示数据比较如图 4-9 所示。

基本语法:

```
<% = Java 表达式/变量 %>
```

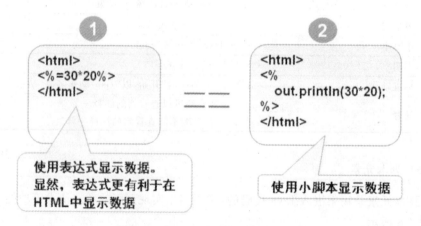

图 4-9　表达式与小脚本显示数据比较

136

3）声明

声明是指在 JSP 页面中定义 Java 方法或变量。

基本语法：

```
<%! Java 代码 %>
```

代码实例 4-5：

```
<%@ page language = "java" import = "java.util. * ,java.text. * " contentType = "text/html;
charset = GBK" %>
<HTML>
    <%!   String formatDate(Date d) {
          SimpleDateFormate formatter = new SimpleDateFormate("yyyy 年 MM 月 dd 日");
          return formatter.format(d);   }   %>
    <HEAD><TITLE>输出当前日期</TITLE></HEAD>
    <BODY>
        你好,软件学院!今天是<% = formateDate(new Date()) %>
    </BODY>
</HTML>
```

6. JSP 页面注释的编写

1）HTML 注释

基本语法：

```
<!--   HTML 注释 -->
```

语法说明：此种注释不安全,并会加大网络传输负担。

2）JSP 注释

基本语法：

```
<% --   JSP 注释   -- %>
```

3）JSP 页面脚本中的注释

基本语法：

```
<%   //单行注释   %>,<%   / * 多行注释   * / %>
```

7. Page 页面指令

（1）引入其他包中的类：使用 import 关键字和完全限定的类名（即必须加上包名）。

（2）书写方法：通过设置内部的多个属性来定义整个页面的属性。

基本语法：

```
<%@ page 属性 1 = "属性值" 属性 2 = "属性值 2" … 属性 n = "属性值 n" %>
```

语法说明：Page 指令的属性如表 4-2 所示。

表 4-2   Page 指令的属性

属 性	说 明	默 认 值
language	指定 JSP 页面使用的脚本语言	Java
import	引用脚本语言中使用到的类文件	无
contentType	指定 JSP 页面所采用的编码方式	text/html/ISO-8859-1

（3）include 指令。

在 JSP 编译时插入一个包含文本或代码的文件,这个包含的过程是静态的,而包含的文件可以是 JSP 网页、HTML 网页、文本文件,或是一段 Java 程序。在导入指令的相应地方会显示出导入页面的内容。

基本语法:

```
<%@ include file = "Hello.html" %>
```

语法说明:只有一个属性 file,只能写静态地址,不能包括动态可变地址。

8. JSP 内置对象

1）内置对象的定义

JSP 内置对象是 Web 容器创建的一组对象,可直接在 JSP 页面使用,无须使用 new 功能获取实例,其名称是 JSP 的保留字。JSP 内置对象如图 4-10 所示。

图 4-10   JSP 内置对象

根据 Java 对象的使用规则要预先创建(new)一个新的实例以供使用,但在日常开发中有些对象使用频率极高,而且往往多处使用一个对象进行贯穿。所以在 JSP 中出现了一些已经自动存在而不需要创建的对象。

代码实例 4-6:

```
<%
    //注意,这里的 request 对象并未经 new 声明一个新的实例即可以使用
    request.setCharacterEncoding("GBK");
    String titleName = request.getParameter("title")
%>
```

2）内置对象概述

（1）out 对象。

对象功能：用于向客户端输出数据。

常用方法：print()用于在页面中打印出字符串信息。

代码实例 4-7：

```
< HTML >
    < BODY >
        <%  Out.print("hello ITEC");  %>
    </BODY >
</HTML >
```

（2）request 对象。

对象功能：用于处理客户端请求。request 对象的使用如图 4-11 所示。

图 4-11　request 对象

request 对象的方法如表 4-3 所示。

表 4-3　request 对象的方法

方　　法	说　　明
String getParameter (String name)	根据页面表单组件名称获取页面提交数据
String[ ] getParameterValues (String name)	获取一个页面表单组件对应多个值时的用户的请求数据
void setCharacterEncoding (String charset)	指定请求的编码在调用 request. getParameter()之前进行设定，可以解决中文乱码问题
request. getRequestDispatcher(String path)	返回一个 javax. servlet. RequestDispatcher 对象，该对象的 forward 方法用于转发请求
request. setAttribute（String param1，Object param2）	在 request 作用范围内，用来存储数据，通常前后台数据交互时，会用到此方法
request. getAttribute(String key)	在 request 范围内，根据参数可以获取相应的数据，该方法返回类型为 Object

　　用一个学员调查的小实例来了解 request 的基本使用方法，执行代码实例 4-8 后，页面效果如图 4-12 所示。

请输入注册信息

用户名：

密码：

你从哪里知道ITEC：☐ 报刊 ☑ 网络 ☑ 朋友推荐 ☐ 电视

提交　取消

图 4-12　代码实例 4-7 运行结果图

代码实例 4-8：

```
input.jsp:
<% @ page language = "java" contentType = "text/html; charset = GBK" %>
<HTML>
    <HEAD>  <TITLE>ITEC 学员注册</TITLE>  </HEAD>
    <BODY>
        <DIV align = "center">请输入注册信息
        <FORM name = "form1" method = "post" action = "reginfo.jsp">
            <TABLE border = "0" align = "center">
                <TR>
                    <TD>用户名：</TD>
                    <TD><INPUT type = "text" name = "name"></TD>
                </TR>
                <TR>
                    <TD>密码：</TD>
                    <TD height = "19"><input type = "password" name = "pwd"></TD>
                </TR>
                <TR>
                    <TD>你从哪里知道软件学院：</TD>
                    <TD>
                        <INPUT type = "checkbox" name = "channel" value = "报刊">报刊
                        <INPUT type = "checkbox" name = "channel" value = "网络">网络
                        <INPUT type = "checkbox" name = "channel" value = "推荐">推荐
                        <INPUT type = "checkbox" name = "channel" value = "电视">电视
                    </TD>
                </TR>
                <TR>                                    <!-- 以下是提交、取消按钮 -->
                <TD><div align = "right">
                    <INPUT type = "submit" name = "Submit" value = "提交"></div>
                </TD>
                <TD><INPUT type = "reset" name = "Reset" value = "取消"></TD>
                </TR>
            </TABLE>
        </FORM>
        </DIV>
    </BODY>
</HTML>
```

执行代码实例 4-8 后，页面效果如图 4-13 所示。

你输入的注册信息

用户名:小张

密码:123

你从哪里知道ITEC培训: 报刊 电视

图 4-13　代码实例 4-8 运行结果图

代码实例 4-9：

```
info.jsp
<%@ page language = "java" contentType = "text/html; charset = GBK" %>
<% request.setCharacterEncoding("GBK");
    String name = request.getParameter("name");
    String pwd = request.getParameter("pwd");
    String[] channels = request.getParameterValues("channel");
%>
<HTML>
    <HEAD> <TITLE>注册信息</TITLE> </HEAD>
    <BODY>
        <DIV align = "center">你输入的注册信息
        <TABLE width = "600" border = "0" align = "center">
            <TR> <TD colspan = "2">用户名:<% = name %></TD> </TR>
            <TR> <TD height = "19" colspan = "2">密码:<% = pwd %></TD> </TR>
            <TR> <TD width = "185">你从哪里知道培训:</TD>
                 <TD width = "405"><%  if (channels != null) {
                                        for (int i = 0; i < channels.length; i++)
                                            out.println(channels[i] + " ");
                                    %></TD>
            </TR>
        </TABLE>
        </DIV>
    </BODY>
</HTML>
```

（3）response 对象

对象功能：用于响应客户请求并向客户端输出信息。response 对象使用如图 4-14 所示。

图 4-14　response 对象

response 对象的方法：void sendRedirect（String location），能够将请求重新定位到一个不同的 URL。

（4）session 对象。

经常碰到这样一个例子,下载电子书时系统会提示用户登录网站,如图 4-15 所示。

事实上这是一种访问控制流程的常见案例,其访问控制流程如图 4-16 所示。

一个会话就是浏览器与服务器之间的一次通话,它包含浏览器与服务器之间的多次请求、响应过程,一个会话的过程如图 4-17 所示。

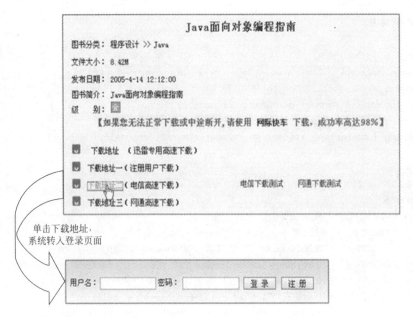

图 4-15　下载电子书时系统会提示用户登录网站

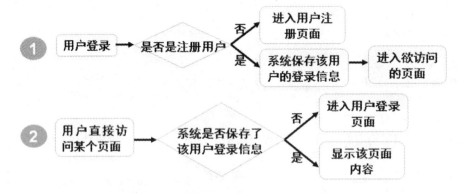

图 4-16　访问控制流程

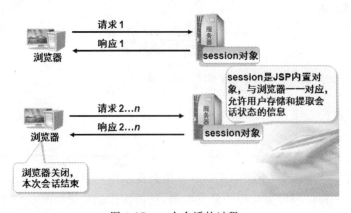

图 4-17　一个会话的过程

session 对象的方法如表 4-4 所示。

表 4-4　session 对象的方法

方　　法	说　　明
void setAttribute(String key，Object value)	以键/值方式将一个对象的值存放到 session 中
Object getAttribute(String key)	根据名称去获取 session 中存放对象的值

（5）application 对象。

在线统计人数功能频繁出现在论坛、聊天室系统中，它的实现机制非常简单。利用 JSP 内置对象中 application 对象，可以将其理解为全局公用的一个对象，所有人都可以去修改它。在线人数统计的做法就是反复修改一个的 application 对象，当有人登录时让它执行一次"++"操作即可。

对象功能：类似于系统的"全局变量"，用于实现用户之间的数据共享。

application 对象的方法如表 4-5 所示。

表 4-5　application 对象的方法

方　　法	说　　明
void setAttribute(String key，Object value)	以键/值方式，将一个对象值存到 application
Object getAttribute(String key)	根据名称去获取 application 中存放对象的值

3）内置对象的作用域

通过内置对象的学习发现，每种内置对象都有自己的控制范围。例如 request 经常发生在一次请求的作用范围中，而 session 善于处理会话的跟踪，在日常使用过程中需要了解内置对象的作用域问题。

假设在一次请求中存放了一个 User 对象，其中包括姓名、性别、住址等常用信息，如果在请求过程中的下一页面还需要这个 User 对象，那么就可以采用 requestScope. User 来获取到，如果想更深层的获取姓名可以用 requestScope. User. name 来获取。以此类推，如果是 Session 作用域，就可以通过 sessionScope. User. name 来获取到。

内置对象的作用域如表 4-6 所示。

表 4-6　内置对象的作用域

属性范围	相对应的名称	属性范围	相对应的名称
Page	pageScope	Request	requestScope
Session	sessionScope	Application	applicationScope

变量的范围如表 4-7 所示。

表 4-7　变量的范围

属　性　范　围	相对应的名称
${pageScope. username}	取出 Page 范围的 username 变量
${requestScope. username}	取出 Request 范围的 username 变量
${sessionScope. username}	取出 Session 范围的 username 变量
${applicationScope. username}	取出 Application 范围的 username 变量

其中,pageScope、requestScope、sessionScope 和 applicationScope 都是 EL 的隐含对象,由其名称可以很容易猜出它们所代表的意思,例如,${sessionScope. username}是取出 Session 范围的 username 变量。

4.1.5　EL 表达式

EL 全名为 Expression Language,它原本是 JSTL 1.0 为方便存取数据所自定义的语言。当时 EL 只能在 JSTL 标签中使用,到了 JSP 2.0 之后,EL 已经正式纳入成为标准规范之一。因此,只要支持 Servlet 2.4/JSP 2.0 的 Container,就都可以在 JSP 网页中直接使用 EL。

1. EL 基本语法

EL 的语法很简单,它最大的特点就是使用方便。而且可以使代码增强规范性和可读性,并替代小脚本程序从而使程序简单、规范。

语法结构:所有 EL 都是以"${"为起始、以"}"为结尾。

如 EL 表达式:`<p>${ 3 + 7}</p>` 的运行结果是 10。

2. "[]"和"."运算符

"[]"和"."运算符用来存取数据。${sessionScope. user. sex}和${sessionScope. user["sex"]}所代表的意思是一样的。

EL 表达式支持的运算包括如下几种。

1) 算术运算

有"+"、"-"、"*"、"/"、"%"、"()"等运算符。例如,${3+(8*4)}。

2) 关系运算符

有">"(大于)、"<"(小于)、"<="(小于等于)、">="(大于等于)、"="(等于)、"! ="(不等于)等。例如,${7>5}。

3) 逻辑运算符

有"&&"、"||"、"!"等,也可用保留字 and、or、not 表示。

代码实例 4-10:

```
<%
  session.setAttribute("a","3");
  request.setAttribute("b","5");
%>
${a == 3 && a < b}
```

4) empty 和 not empty 运算符

Empty 运算符的作用是判断作用范围变量的取值是否为空 null,为空则返回 true,非空则返回 false。

3. 用 EL 表达式语言访问 JavaBean 中的属性

EL 表达式通过"."运算符访问 JavaBean 中的属性。

基本语法：

```
${JavaBean 名.属性名}
```

语法说明："."运算符是调用 JavaBean 中的 getXXX() 方法。

4. 在 EL 中访问 JSP 隐含对象中的 getXXX() 方法

基本语法：

```
${pageContext.JSP 隐含对象名.XXX}
```

例如，要访问 request 隐含对象中的 getRequestURI() 方法，在 EL 表达式中可写为：
${pageContext. request. requestURI

4.1.6 标签库 JSTL

JSTL(Java Server Pages Standard Tag Library，JSP 标准标签函数库)是由 JCP(Java Community Process)所指定的标准规格，它主要提供给 Java Web 开发人员一个标准通用的标签函数库。Web 程序开发人员能够利用 JSTL 和 EL 来开发 Web 程序，取代传统直接在页面上嵌入 Java 程序(Scripting)的做法，以提高程序可读性、维护性和方便性

1. JSTL 简介

JSTL 是一个标准的已制定好的标签库，可以应用于各种领域，如基本输入输出、流程控制、循环、XML 文件剖析、数据库查询及国际化和文字格式标准化的应用等。JSTL 的标签函数库如表 4-8 所示。

表 4-8　JSTL 的标签函数库

JSTL	前置名	URI	示例(标记前缀)
核心标签库	c	http://java. sun. com/jsp/jstl/core	<c:out>
I18N 格式化	fmt	http://java. sun. com/jsp/jstl/xml	<fmt:formatDate>
SQL 标签库	sql	http://java. sun. com/jsp/jstl/sql	<sql:query>
XML 标签库	xml	http://java. sun. com/jsp/jstl/fmt	<x:forBach>
函数标签库	fn	http://java. sun. com/jsp/jstl/functions	<fn:split>

2. 在 JSP 页面中使用 JSTL 标记的方法

需要在 JSP 页面中使用 JSP 的 taglib 指令加以声明。

基本语法：

```
<%@ taglib uri = "标记库的 URI 名称" prefix = "标记前缀" %>
```

代码实例 4-11：在 JSP 中使用 JSTL 核心标记库打印字符串"JSTL 的使用"。

```
<%@ page language = "java"  pageEncoding = "utf-8"%>
<%@ taglib uri = "http://java.sun.com/jsp/jstl/core" prefix = "c" %>
<HTML>
    <HEAD>  <TITLE>Test JSTL starting page</TITLE>  </HEAD>
    <BODY>
        <c:out value = "JSTL使用测试"></c:out>
    </BODY>
</HTML>
```

代码实例 4-11 的运行结果如图 4-18 所示。

JSTL使用测试

图 4-18　代码实例 4-10 运行结果图

3. JSTL 核心库(core)

JSTL 标记也叫做 JSTL 动作。JSTL 核心标记库提供了控制流、循环语句、异常处理、信息打印、变量定义等动作。

1) <c:set>标记

标记作用：定义一个 JSP 作用范围变量，并对变量进行赋值。

基本语法 1：用<c:set>定义作用范围变量。

```
<c:set var = "变量名" [value = "待保存的对象"]  [scope = "JSP 的作用范围"]>
    [<c:set>标记体]
</c:set>
```

例如，

```
<c:set var = "result" value = " ${3 + 4}"></c:set>
```

基本语法 2：通过<c:set>操作 JavaBean 对象的 setXXX()方法，将对象存储到 JavaBean 中的相应属性中。

```
<c:set target = "对象变量名" property = "对象中属性名"  [value = "待保存的对象"]>
    [待保存的对象]
</c:set>
```

2) <c:remove>标记

标记作用：移除一个作用范围变量。

基本语法：

```
<c:remove var = "对象的变量名" scope = "作用范围"/>
```

146

3）＜c:out＞标记

标记作用：显示数据，待显示的数据可以是常量，也可以是 EL 表达式，它的功能相当于＜％＝％＞。

基本语法：

```
<c:out value = "待显示的数据" [default = "变量的默认值"] [escapeXml = "true|false"]>
    [变量的默认值]
</c:out>
```

4）＜c:catch＞标记

标记作用：捕获异常。

基本语法：

```
<c:catch [var = "变量名"]>
    ……可能发生异常的代码段……
</c:catch>
```

5）＜c:if＞标记

标记作用：进行判断。

基本语法：

```
<c:if  test = "条件表达式" var = "变量" scope = "变量范围">
    [……标记体……]
</c:if>
<c:if>语句可以逐层嵌套：
<c:if test = "${条件表达式1}">
    <c:if test = "${条件表达式2}">
        条件都成立时，最后显示的内容.
    </c:if>
</c:if>
```

6）＜c:choose＞标记

标记作用：实现多分支判断。

基本语法：

```
<c:choose>
    <c:when test = "${条件表达式1}">  …标记体1…  </c:when>
    ……其他的<c:when>标记……
    <c:otherwise>
        ……标记体 n……
    </c:otherwise>
</c:choose>
```

7）＜c:forEach＞循环标记

标记作用 1：计数循环，类似 for 计数循环。

基本语法 1：

```
<c:forEach begin = "初值" end = "终值" [step = "步长"] [var = "变量"] [varStatus = "状态变量"]>
    ……标记体(循环体)……
```

```
</c:forEach>
```

标记作用 2：集合或数组的遍历。

基本语法 2：

```
<c:forEach items = "对象名" var = "变量" [varStatus = "状态变量"]>
    …… 标记体(循环体) ……
</c:forEach>
```

4.2 Struts 框架技术

4.2.1 基础概述

1. Struts Framework 的概述

伴随着软件开发的发展,在多层的软件开发项目中,是可重用、易扩展的,而且是经过良好测试的软件组件,越来越被人们所青睐。这意味着人们可以将充裕的时间用在分析、构建业务逻辑的应用上,而非繁杂的代码工程。于是人们将相同类型问题的解决途径进行抽象,抽取成一个应用框架,这就是 Framework。Framework 的体系提供了一套明确的机制,从而让开发人员很容易扩展和控制整个 Framework 开发的结构。通常,Framework 的结构中都有一个"命令和控制 Framework Factory and Manager"组件。

2. Struts 工作原理和组件

Struts Framework 是 MVC 模式的体现,体系结构(Architecture)包括模型、视图和控制器。Struts 体系架构如图 4-19 所示。

图 4-19 Struts 体系结构

1）视图（View）

Struts 提供了 Java 类 org. apache. struts. action. ActionForm 来创建 Form Bean。在运行时，该 Bean 有两种用法：

（1）当 JSP 使用 HTML 表单进行显示时，JSP 将访问该 Bean（它保存要放入表单中的值）。那些值是从业务逻辑或者是从先前的用户输入来提供的。

（2）当从 Web 浏览器中提交用户的输入时，该 Bean 将验证并保存该输入以供业务逻辑或（如果失败的话）后续重新显示使用。

2）模型（Model）

Struts 虽然不能直接有助于模型开发，但在 Struts 中，系统模型的状态主要由 ActionForm Bean 和值对象体现。

3）控制器（Controller）

在 Struts Framework 中，Controller 主要是 ActionServlet，但是对于业务逻辑的操作则主要由 Action、ActionMapping、ActionForward 这几个组件协调完成。其中，Action 是控制逻辑的实现者，而 ActionMapping 和 ActionForward 则指定了不同业务逻辑或流程的运行方向。

3. Struts 生命周期

（1）检查 Action 的映射，确定 Action 中已经配置了对 ActionForm 的映射。

（2）根据 name 属性，检查 Form Bean 的配置信息。

（3）检查 Action 的 Form Bean 的使用范围，确定在此范围内，是否已经有此 Form Bean 的实例。

（4）假如在当前范围内，已经存在了此 Form Bean 的实例，而且对当前请求来说，是同一种类型的话，那么就重用。否则，就重新构建一个 From Bean 的实例。

（5）调用 Form Bean 的 reset()方法。

（6）调用对应的 setter 方法，对状态属性赋值。

（7）如果 validate 的属性被设置为 true，那么就调用 From Bean 的 validate()方法。

（8）如果 validate()方法没有返回错误，控制器将 ActionForm 作为参数，传给 Action 实例的 execute()方法并执行。

4. Struts 关键组件

（1）Action Servlet：每个应用只需要一个 Action servlet，Struts 会提供。

（2）表单 Bean：对于应用需要处理的各个 HTML 表单，都要为它编写表单 Bean。它们都是 Java bean，而且一旦 Struts Action servlet 调用了表单 bean 上的设置方法（来填入表单参数），就会调用 bean 的 validate()方法，可以把数据转换和错误处理逻辑放在这里。

（3）Action 对象：动作（Action）会映射到用例中的一个活动，它有一个类似回调的方法 execute()，可以在这个方法中获得验证表单参数，并调用模型组件。

（4）struts-config. xml：这是 Struts 特定的部署描述文件。在这个文件中定义：请求 URL 到 Action、Action 到表单 bean，以及 Action 到视图的映射。

5. Struts 主要组成类

Struts 由 15 个包,近 200 个类组成,而且数量还在不断增多,在此列举几个主要的类进行介绍。Struts 通过 4 个核心组件来控制、处理客户请求。

1) Struts ActionServlet

ActionServlet 继承自 Javax. Servlet. http. HttpServlet 类,其在 Struts Framework 中扮演的角色是中心控制器。它提供一个中心位置来处理全部大的终端请求。控制器 ActionServlet 主要负责将 HTTP 的客户请求信息组装后,根据配置文件的指定描述,转发到适当的处理器。按照 Servlet 标准,所有的 Servlet 必须在 Web 配置文件(web. xml)中声明。同样,ActionServlet 必须在 Web Application 配置文件(web. xml)中描述,有关配置信息为:

```
< servlet >
    < servlet - name > action </servlet - name >
    < url - pattern > org. apache. struts. action. ActionServlet </url - pattern >
</servlet >
```

全部的请求 URL 以 * . do 的模式存在并映射到这个 Servlet,其配置方法为:

```
< servlet - mapping >
    < servlet - name > action </servlet - name >
    < url - pattern > * . do </url - pattern >
</servlet - mapping >
```

中心控制器为所有的表示层请求提供了一个集中的访问点,这个控制器提供的抽象概念减轻了开发者建立公共应用系统服务的困难,如管理视图、会话及表单数据,它还提供了通用机制如错误及异常处理、导航、国际化、数据验证、数据转换等。当用户向服务器端提交请求的时候,信息是首先发送到控制器 ActionServlet 的。一旦控制器获得了请求,它就会将请求信息转交给一些辅助类(help class)来处理。这些辅助类知道如何去处理与请求信息所对应的业务操作。在 Struts 中,这个辅助类就是 org. apache. struts. action. Action。通常开发者需要自己继承 Action 类,从而实现自己的 Action 实例。

2) Struts Action Classes

ActionServlet 把全部提交的请求都被控制器委托到 RequestProcessor 对象。RequestProcessor 使用 struts-config. xml 文件检查请求 URL 找到 Action 标识符。一个 Action 类的角色,就像客户请求动作和业务逻辑处理之间的一个适配器(Adaptor),其功能是将请求与业务逻辑分开。这样的分离,使得客户请求和 Action 类之间可以有多个点到点的映射。而且 Action 类通常还提供了其他的辅助功能,例如,数据验证(validation)。

当 Controller 收到客户的请求时,在将请求转移到一个 Action 实例时,如果这个实例不存在,控制器会首先创建,然后再调用这个 Action 实例的 execute()方法。Struts Framework 为应用系统中的每一个 Action 类只创建一个实例。因为所有的用户都使用这一个实例,所以必须确定 Action 类运行在一个多线程的环境中。

注意：客户自己继承的 Action 子类，必须重写 execute()方法，因为 Action 类在默认情况下是返回 null 的。

3）Struts Action Mapping

前面介绍了一个客户请求是如何被控制器转发和处理的，但是控制器是如何知道什么样的信息转发到什么样的 Action 类中的呢？这就需要一些与动作和请求信息相对应的映射配置说明。在 Struts 中，这些配置映射信息是存储在特定的 XML 文件中的，默认文件名称为 struts-config. xml。这些配置信息在系统启动的时候被读入内存，供 Struts Framework 在运行期间使用。在内存中，每一个＜action＞元素都与 org. apache. struts. action. ActionMapping 类的一个实例相对应。当通过 loginAction. do（此处假设配置的控制器映射为＊. do）提交请求信息的时候，控制器将信息委托 com. relationinfo. LoginAction 处理，调用 LoginAction 实例的 execute（）方法。同时将 Mapping 实例和所对应的 LoginForm Bean 信息传入。

代码实例 4-12：有关 form-bean 的声明。

```
< form - beans >
    < form - bean name = "LoginForm"
        type = "com. relationinfo. LoginForm"/>
</form - beans >
```

4）使用 ActionForward 导航

元素＜forward＞表示了当 Action 实例的 execute（）方法运行完毕或控制器根据 mapping 对象中的相应方法可将响应信息转到适当的地方。例如客户登录成功则调用 welcome forward，将成功信息返回到 welcom. jsp 页面。在 execute（）方法的结尾可以使用下面的实例代码返回 welcom forward。welcome forward 必须在＜action＞元素属性中定义。

例如：

```
return (mapping. findForward("welcome"));
```

ActionForward 对象是配置对象。这些配置对象拥有唯一的标识以允许它们按照有意义的名称，如 success、failure 等来检索。ActionForward 对象封装了向前的 URL 路径且被请求处理器用于识别目标视图。ActionForward 对象建立自＜forward＞元素，其位于 struts-config. xml 文件中。

代码实例 4-13：Struts 中的＜forward＞元素。

```
< action path = "/editCustomerProfile"
    type = "packageName. EditCustomerProfileAction"
    name = "customerProfileForm" scope = "request">
    < forward name = "success" path = "/MainMenu.jsp"/>
    < forward name = "failure" path = "/CustomerService.jsp"/>
</action >
```

基于执行请求处理器的 execute()方法的结果,当传递一个值匹配<forward>元素name 属性的值的时候,下一个视图可以在 execute()方法中被开发者用方便的方法 org. apache. struts. action. ActionMapping. findForward()选择。ActionMapping. findForward()方法既从其本地范围又从全局范围提供一个 ActionFroward 对象,该对象返回至 RequestProcessor 以 RequestDispatcher. forward()或 response. sen dRedirect()调用下一个视图。当<forward>元素有 redirect = "false"属性或不对该属性进行配置的时候, RequestDispatcher. forward()被执行;当 redirect="true"时,将调用 sendRedirect()方法。

例如,<forward name = "success" path = "/Catalog. jsp" redirect = "true" />,若 redirect = " true",则建立如/contextPath/path 的 URL,表示 HttpServletRes ponse. sendRedirect()使用对于 Servlet 容器根目录的 URL;若 redirect="false",则建立如/path 的 URL,表示 ServletContext. getRequestDisptacher()采用与虚拟目录相关的 URL。

4.2.2 Struts 标签

1. Struts 标签概述

Struts 的标签库包括 Bean、Html 和 Logic,其中 Html 库的大部分标签要依赖于框架,而其他标签不依赖于框架。3 种 Struts 标签具有如下特点。

(1) Bean 标签:访问 JavaBean 及其属性,以及定义一个新的 Bean 时使用。

(2) Html 标签:创建 Html 输入表单,能够和 Struts 框架及其他应用的 Html 标签进行交互。

(3) Logic 标签:提供用户在 JSP 页面内实现简单条件逻辑的大量标记。

Struts 标签通用的属性包括:

(1) id——命名自定义标签创建的脚本变量。

(2) name——指定关键字值,通过该关键字寻找存在的 Bean,如果给出了范围属性,则仅仅在范围上下文中查找,否则根据标准的顺序在各种上下文中查找。

(3) property——指出 Bean 中的某个字段属性,可以在其中检索值,如果没有指定,使用对象本身的值。

(4) scope——表示在上下文范围查找 Bean,如果没有标出,则在标准的顺序下查找各种上下文范围。

代码实例 4-14:

```
< logic:iterate scope = "request"
    name = "helpsoft"
    property = "collection"
    id = "helpsoft" >
</logic:iterate >
```

代码实例 4-14 表示,在标准请求上下文中查找名称为 helpsoft 的 Bean,然后检索 collection 属性。通过在该集合中进行迭代,处理其中嵌套的标签。

2. Bean 标签

Bean 标签可以方便地与 JSP 中的 Web 应用程序对象进行交互,Bean 标签的常用属性包括:define,可将新的或现有的引用存储在 JSP 脚本变量中;write,可输入特定的 Bean 属性值。

3. Html 标签

Html 标签提供了浏览器支持的空间集,包括按钮、复选框、单选按钮、菜单、文本字段以及隐藏控件,这些都是可以针对动态数据进行设置的。如何将数据设置到控件取决于具体应用。用脚本语言写成的动态应用(包括 JSP 脚本)通过混合使用 HTML 和脚本来设置 HTML 标签。为使用标准 JavaBean 和 JSP 脚本设置 HTML 文本表单标签,可设置为<input type ="text" name ="productCode" value ="<%=product. getProductCode()%>"/>,也可以使用 HTML 标签来设置同一个控件,如<HTML:text property ="productCode" />。注意这两种方式的不同:

(1)虽然没有声明,Scriptlet 版本需要在使用前在页面中将 Form Bean 声明为一个脚本变量。Struts 标签则不需要声明就能找到该 Bean。

(2)默认时,Struts 标签将对剩下的表单使用同一个 Bean,所以 Bean 不需要对每一个控件都进行指定。

Struts 中的 HTML 标签库提供了众多标签来设置 HTML 控件和相关属性,它们大部分对应于相关的标准 HTML 元素,常用 Struts 中的 HTML 标签与普通 HTML 标签元素的对应关系如表 4-9 所示。

表 4-9 Struts 中的 HTML 标签与普通 HTML 标签元素的对应关系

普通 HTML 标签	Struts 中 HTML 标签	普通 HTML 标签	Struts 中 HTML 标签
<input type="button"/>	Button	<option></option>	Option
<input type="checkbox"/>	checkbox,mulitbox	<input type="password"/>	password
<input type="file"/>	file	<input type="radio"/>	radio
<input type="reset"/>	reset	<select>	select
<form></form>	form	<input type="submit"/>	submit
<input type="hidden"/>	hidden	<input type="text"/>	text
<textarea cols="*" rows="10"/>	textarea	无对应	errors

HTML 标签的通用属性如表 4-10 所示。

表 4-10 HTML 标签的通用属性

属 性	说 明
name	ActionForm 的名称,或其他 JavaBean 名称,用来为控件提供数据。如果没有指明,将使用 Form 标签中相应的 ActionForm Bean 的名称进行命名
on * * *	每个 HTML 标签都包括对应的 JavaScript 事件处理器,包括 onblur、onchange、onclick、ondblclick、onfocus、onkeydown、onkeypress、onkeyup、onmousedown、onmousemove、onmouseout、onmouseover、onmouseup、onreset 以及 onsubmit,都是小写格式,以便与 XML 兼容

属　性	说　　　明
accesskey	可访问的键盘字符,按下某个元素的访问键,该元素将得到焦点
tabindex	指明当前元素在当前文档中的 Tab 键顺序的位置,Tab 键顺序定义了在使用键盘导航时每个元素接受焦点的顺序
style	应用于 HTML 元素的 CSS 样式
styleClass	应用于 HTML 元素之上的 CSS 样式表类

4. Logic 标签概述:迭代标签 ＜logic:iterate＞

Logic 标签是用于在 JSP 内实现简单条件逻辑的大量标签,包括 3 种风格的逻辑标签:取值标签、控制流标签及迭代标签。

取值标签:测试值是否相等、小于、大于、空(空白或者 null)或者是否存在。

控制流标签:转发或者重定向请求。

迭代标签:通过某些集合类型进行迭代。

迭代标签作用:处理在页面上输出集合类,集合可以是 Java 对象的数组,ArrayList、Vector、HashMap。

代码实例 4-15:

User.java

```
package example;
import java.io.Serializable;
public final class User implements Serializable {
    private String name = null;  private String password = null;
    public String getName() {  return (this.name);  }
    public void setName(String name){  this.name = name;  }
    public String getPassword(){  return (this.password);  }
    public void setPassword(Stringpassword){  this.password = password;  }
}
```

iterate.jsp

```
<% @ page language = "java" %>
<% @ page import = "example. * " %>
<% @ taglib uri = "/WEB - INF/struts - bean.tld" prefix = "bean" %>
<% @ taglib uri = "/WEB - INF/struts - logic.tld" prefix = "logic" %>
<%   java.util.ArrayList list = new java.util.ArrayList();
     User usera = new User();   usera.setName("white");
     usera.setPassword("abcd");  list.add(usera);
     User userb = new User();   userb.setName("mary");
     userb.setPassword("hijk");  list.add(userb);
     session.setAttribute("list",list);
%>
```

```
< HTML >
    < BODY >
      < TABLE width = "100 % "><logic:iterate id = "a" name = "list" type = "example.User">
        < TR >
          < TD width = "50 % ">name:<bean:write name = "a" property = "name"/>< TD/>
          < TDwidth = "50 % ">password:<bean:write name = "a" property = "password"/></TD >
        </TR >
      </logic:iterate></TABLE >
    </BODY >
</HTML >
```

标签的作用：

（1）ID——脚本变量的名称，它保存着集合中当前元素的句柄。

（2）Name——代表需要叠代的集合，来自 session 或者 request 的属性。

（3）Type——其中的集合类元素的类型。

代码实例 4-16：对数组进行遍历。

```
< %   String[] testArray = {"str1","str2","str3"};
    pageContext.setAttribute("test1",testArray);   % >
< logic:iterate id = "show" name = "test1">
    < bean:write name = "show"/>
</logic:iterate >
```

在代码实例 4-16 中，首先定义了一个字符串数组，并将其初始化。接着将该数组存入 pageContext 对象中，命名为 test1。然后使用＜logic:iterate＞标记的 name 属性指定该数组，并使用 id 来引用它，同时使用＜bean:write＞标记来将其显示出来。代码实例 4-15 运行结果为：

```
str1
str2
str3
```

代码实例 4-17：通过 length 属性来指定输出元素的个数。

```
< logic:iterate id = "show" name = "test" length = "2" offset = "1">
    < bean:write name = "show"/>< br/>
</logic:iterate >
```

其中 length 属性指定了输出元素的个数，offset 属性指定了从第几个元素开始输出，如此处为 1，则表示从第二个元素开始输出。代码实例 4-16 运行结果为：

```
str2
str3
```

代码实例 4-18：使用 indexId 属性指定一个变量存放当前集合中正被访问的元素的序号。

```
< logic:iterate id = "show" name = "test" length = "2" offset = "1" indexId = "number">
    < bean:write name = "number"/>:< bean:write name = "show"/>< br/>
</logic:iterate >
```

代码实例 4-17 的显示结果为：

```
1:str2
2:str3
```

代码实例 4-19：对 Hashmap 进行遍历。

```
< %   HashMap countries = new HashMap();
    countries.put("country1","中国");   countries.put("country2","美国");
    countries.put("country3","英国");   countries.put("country4","法国");
    countries.put("country5","德国");   pageContext.setAttribute("countries",countries);
% >
< logic:iterate id = "country" name = "countries">
    < bean:write name = "country" property = "key"/>:
    < bean:write name = "country" property = "value"/>< br/>
</logic:iterate >
```

在 bean:write 中通过 property 的 key 和 value 分别获得 HashMap 对象的键和值。代码实例 4-16 的显示结果为：

```
country5:德国
country3:英国
country2:美国
country4:法国
country1:中国
```

由结果可看出，它并未按添加的顺序将其显示出来，这是因为 HashMap 是无序存放的。

代码实例 4-20：嵌套遍历。

```
< %   String[ ] colors = {"red","green","blue"};
    String[ ] countries1 = {"中国","美国","法国"};
    String[ ] persons = {"乔丹","布什","克林顿"};
    ArrayList list2 = new ArrayList();
    list2.add(colors);   list2.add(countries1);   list2.add(persons);
    pageContext.setAttribute("list2",list2);
% >
< logic:iterate id = "first" name = "list2" indexId = "numberfirst">
    < bean:write name = "numberfirst"/>
    < logic:iterate id = "second" name = "first">
        < bean:write name = "second"/>
    </logic:iterate >< br/>
</logic:iterate >
```

代码实例 4-20 的运行效果如下：

```
0 red green blue
1 中国 美国 法国
2 乔丹 布什 克林顿
```

4.2.3 MyEclipse 中 Struts 的基本配置方法

1. 在开发环境中建立 Web Project 项目

（1）选择 File→New→Web Project 命令，如图 4-20 所示。

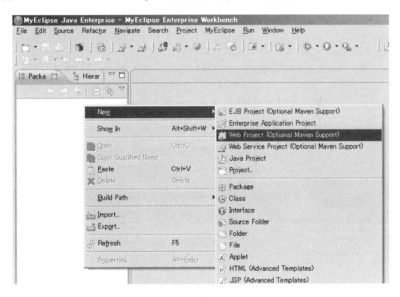

图 4-20 在开发环境中建立 Web Project 项目 1

（2）进入"新建项目"对话框，输入项目名称（如 HibernateGame），如图 4-21 所示。

（3）单击 Finish 按钮后完成 Web 项目的新建步骤，如图 4-22 所示。

项目建立后的目录包括 Src（Java 源文件）、JRE SystemLibrary（J2EE 1. 4 Libraries）、WebRoot（含子文件夹：META-INF，项目配置；WEB-INF，网站配置；index. jsp：默认 jsp 页）。

2. 为项目添加 Struts 插件

（1）选择项目 MyEclipse→Project Capabilities→Add Struts Capabilities 命令，如图 4-23 所示。

（2）在弹出的对话框中根据模板填写信息（注：选择 Struts1. 2 或 1. 3 均可），如图 4-24 所示。

（3）单击 Finish 按钮完成插件添加工作，完成后的系统目录结构如图 4-25 所示，其中红色方框内的部分为系统自动添加的目录。

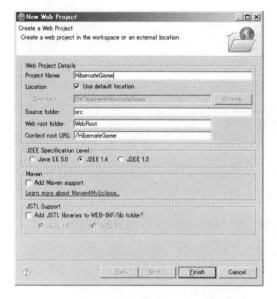

图 4-21　在开发环境中建立 Web Project 项目 2　　　图 4-22　在开发环境中建立 Web Project 项目 3

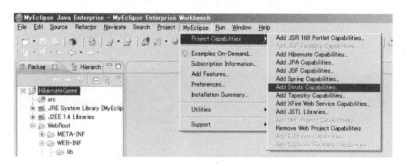

图 4-23　为项目添加 Struts 插件 1

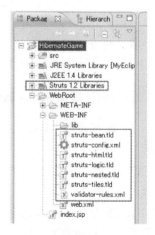

图 4-24　为项目添加 Struts 插件 2　　　　　图 4-25　为项目添加 Struts 插件 3

3. 使用 Struts 的配置工具

（1）双击 Struts-config. xml 文件，进入 Struts 配置环境，如图 4-26 所示。

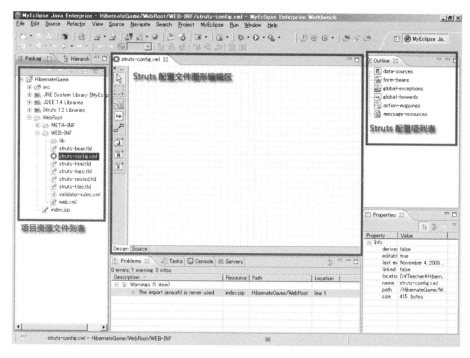

图 4-26　使用 Struts 的配置工具 1

（2）在配置文件的编辑区右击，在弹出的快捷菜单中选择 New→Form. Action and JSP 命令，同时建立 Action、FormBean 和 Forward，并关联相关 JSP 页面，如图 4-27 所示。

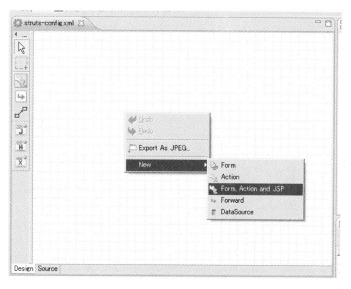

图 4-27　使用 Struts 的配置工具 2

159

（3）在弹出的对话框中配置 FormBean，如图 4-28 所示。

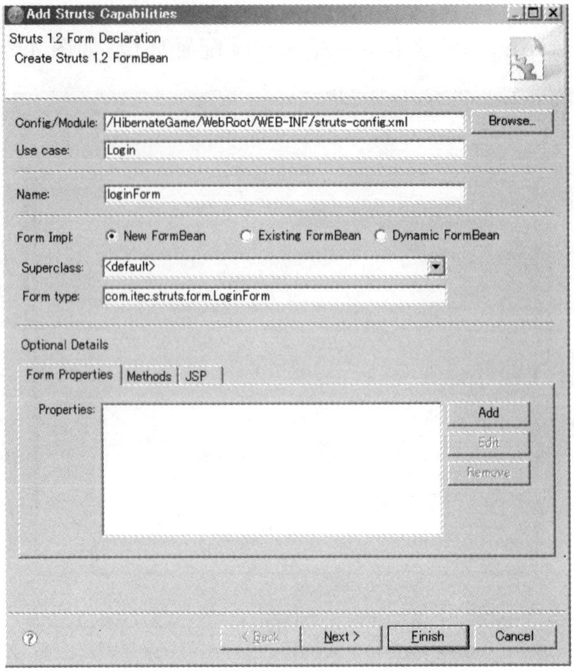

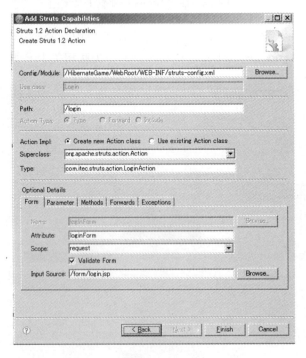

图 4-28　使用 Struts 的配置工具 3

（4）单击 Next 按钮后配置 Action，并同时配置 Forward，如图 4-29 所示。

图 4-29　使用 Struts 的配置工具 4

（5）单击 Finish 按钮完成配置，MyEclipse 会根据刚才所配置的内容自动生成相关的 Struts 文件。

4.2.4 验证体系概述

大多数基于 Web 的应用程序都需要从用户处获取数据，这些数据可以从文本域或者类似于菜单条，按钮和检查框这样的 GUI 元素中获取，如图 4-30 所示。但在实际中，用户输入的数据并不总是合适的。例如，一些菜单选项可能是互斥的（用户不能同时选择它们），输入电话号码可能漏掉了某些数字，在需要输入数字的地方输入了字母或汉字等，而期望输入字母的地方可能输入了数字。造成这些原因可能是表单上说明的不够清楚，或者是用户粗心大意。但无论如何，这些错误的输入总是会发生的。

图 4-30 用户输入数据界面

1. Web 层的校验

通常由 Web 应用程序的框架结构来提供校验方法，同时框架结构还要尽量减小模式层和视图层间的差异。在一个非模式的分布式环境中，校验方法包括：要求某些区域具有值（非空）；确认某个给定值具有特定的模式或者处于特定的范围中；一次检查全部的表单数据，并返回一系列消息；比较不同域中的值；返回用户上次输入的值来使得用户可以改正不正确的输入；在需要时返回本地化信息；在 JavaScript 被禁用时，使用服务器端校验。

采用 Web 层的校验的好处是实现了松耦合和可选的服务器端校验。

1）松耦合

输入的数据需要由控制器进行校验，但是业务层校验是和业务层对象紧密结合的，这就意味着校验规则必须和标记语言或者 Java 代码分离，这样才能保证在不改动任何源代码的情况下查看和修改这些规则。校验规则的松耦合性可以是使校验规则和业务需求一致性的工作尽可能简单。

2）客户端校验

客户端校验从根本上说是不安全的，用户可能用欺骗的手段提交一个页面，绕过原来页面上的脚本程序。尽管不能依赖于客户端 JavaScript 的校验能力，但是它们还是很有用处的。使用 JavaScript 可以使用户得到即时的反馈，从而避免和服务器的交互，这样可以减少时间以及带宽的消耗。因此，从一个规则中同时产生的 JavaScript 和服务器端校验器是一个很理想的选择。当浏览器允许 JavaScript 运行时，输入的数据在提交前会在客户端进行校验。如果浏览器不运行 JavaScript，输入的数据还可以在服务器端进行校验。

2. 使用校验器（Commons Validator）

Validator 是一个集合多种校验功能于一身的成熟的校验框架，它是一个符合多方面校验要求的框架结构；可以通过一个 XML 文件进行配置，该文件包含基于表单中数据与生成的校验规则；Validator 中所定义的校验规则同样是使用 XML 文件进行配置的；已经提供了基本数据类型(例如日期和整数型)的 Validator,还可以根据需要创建自己的 Validator;基于模式的 Validator 可以使用正则表达式来匹配类似于邮政编码或者电话号码这样的数据;提供多页面和本地化 Validator 的支持,因此可以使用任何语言来创建向导。

在程序中使用 Jakarta 的 Validator 的好处包括:

(1) 充分使用资源,使用 JavaScript 的同时,可以将服务器端的校验功能作为保障。

(2) 单点维护,通过同一个配置文件来来生成客户端和服务器端的校验器。

(3) 扩展性,客户化校验器仅仅定义在需要的时候和地方。

(4) 维护性,校验器和应用程序之间是松耦合,因此可以在不改变标记语言和源代码情况下进行维护。

(5) 可以和 Struts 进行集成,默认情况下 Validator 和 Struts 共享同一个消息包,本地化的文字可以被集中管理和重用。

(6) 服务器端校验器易部署,使用服务器端校验器,仅需扩展 Struts 的 ActionForm 至 ValidatorForm 或者 ValidatorActionForm,其他都自动完成。

(7) 客户端校验容器易部署,使用客户端校验器,仅需加入一个简单的 JSP 标签来生成校验脚本并且使用该脚本来提交表单。

(8) 容易配置,Validator 使用 XML 格式文件进行配置。该文件格式类似于 Web 应用程序部署文件以及 Struts 配置文件。

3. Struts 验证体系

数据校验就是使用 Validator 将不同的部分(即组件)组合起来,通过一个校验规则集合来提供服务器端和客户机端的校验器。Struts Validator 的组件如表 4-11 所示。

表 4-11 Struts Validator 的组件

属　　性	说　　明
Validators	处理本地以及其他常见的数据类型。基本的校验器包括 required、mask(匹配某个正则表达式)、minLength、maxLength、range、本地类型、date、email 和 creditCard。可以定义用户定制的校验器
资源文件	提供本地化的标签和消息,默认和 Struts 共享同一个资源文件
XML 配置文件	根据需要定义表单以及需要校验的数据域。校验器可以在单独的文件中进行定义
JSP 标签	为给定的表单名或者 Action 路径,生成 JavaScript 校验器
ValidatorForm	根据表单 Bean 的名字来自动校验属性值。(这些值是运行时刻,通过 validate 方法的 ActionMapping 参数获得的。)为了提供表单需要的属性,该类需要被扩展
ValidatorActionForm	根据 Action 路径自动校验属性值

应用程序需要使用校验器,无论是基本校验器还是扩展校验器,都通过 validator.xml 配置文件来定义的。为了更好地维护应用程序,可以在 validator-rules.xml 文件中指定一个规则来将某个校验器和 ActionForm 中的属性相关联。

要使用服务器端校验器,仅需使得定义的 ActionForm,继承自 Struts Validator 包提供的基本类 org.apache.struts.validator.ValidatorForm(对应于标准的 ActionForm)或 org.

apache. struts. validator. DynaValidatorForm(对应于 DynaActionForm)。

4. 验证框架实例(前台校验)

1）建立 Struts Web 项目

Struts 验证框架依靠插件 Jakarta Oro(正则表达式解析,jakata-oro. jar)和 Commons Validator(Struts 的主验证框架,commons-validator-1. 3. 1. jar)实现。

2）修改 Struts 配置文件

增加 org. apache. struts. validator. ValidatorPlugIn 插件类的导入代码,并指定验证条件的配置文件。

代码实例 4-21：struts-config. xml 配置文件。

```xml
<?xml version = "1.0" encoding = "UTF - 8"?>
<!DOCTYPE struts - config PUBLIC " - //Apache Software Foundation//DTD Struts Configuration 1.
3//EN" "http://struts.apache.org/dtds/struts - config_1_3.dtd">
< struts - config >
    < form - beans >
        < form - bean name = "loginForm" type = "com.itec.struts.form.LoginForm" />
    </form - beans >
< action - mappings >
    < action attribute = "loginForm" path = "/login" input = "/login.jsp"
        name = "loginForm" scope = "request" validate = "true"
        type = "com.itec.struts.action.LoginAction">
        < forward name = "success" path = "/ok.jsp" />
    </action >
</action - mappings >
< message - resources parameter = "com.itec.struts.ApplicationResources" />
    < plug - in className = "org.apache.struts.validator.ValidatorPlugIn">
      < set - property property = "pathnames"
        value = "/WEB - INF/validator - rules.xml, /WEB - INF/validation.xml" />
    </plug - in >
</struts - config >
```

3）编写输入页面

代码实例 4-22：index. jsp。

```jsp
<% @ page language = "java" pageEncoding = "utf - 8" %>
<% @ taglib uri = "http://struts.apache.org/tags - bean" prefix = "bean" %>
<% @ taglib uri = "http://struts.apache.org/tags - html" prefix = "html" %>
< HTML >
    < HEAD >  < TITLE > Struts Validate </TITLE >
            < html:JavaScript formName = "loginForm" />  </HEAD >
    < BODY >  < html:errors />
        < html:form action = "/login.do" method = "post"
            onsubmit = "return validateLoginForm(this)" >
        < TABLE >
```

```
        <TR>
          <TD>Username:<html:text property = "username" /></TD>
          <TD><html:submit /></TD>
        </TR>
      </TABLE>
      </html:form>
    </BODY>
</HTML>
```

4）编写与页面对应的 ActionForm

注意：该 ActionForm 需要继承自 org. apache. strtus. validatro. ValidatorForm 类。

代码实例 4-23：LoginForm。

```
package com. itec. struts. form;
import javax. servlet. http. HttpServletRequest;
import org. apache. struts. action. ActionErrors;
import org. apache. struts. action. ActionMapping;
import org. apache. struts. validator. ValidatorForm;
public class LoginForm extends ValidatorForm {
    private String username;
    public String getUsername() {   return username;   }
    public void setUsername(String username) {   this.username = username;   }
}
```

代码实例 4-24：Validation. xml 配置文件。

```
<?xml version = "1.0" encoding = "UTF - 8"?>
<!DOCTYPE form - validation PUBLIC " - //Apache Software Foundation//DTD Commons Validator
Rules Configuration 1.1.3//EN" "validator_1_1_3.dtd">
<FORM - Validation>
    <FORMSET>
        <FORM name = "loginForm">
            <FIELD property = "username" depends = "required">
                <arg0 key = " loginForm. username. displayname " />
            </FIELD>
        </FORM>
    </FORMSET>
</FORM - Validation>
```

代码实例 4-25：ApplicationResources. properties 资源配置文件。

```
# -- validator -
errors. required = {0} is required.
# -- display --
loginForm. username. displayname = username
```

5）验证框架实例（前台校验）

验证框架实例（前台校验）的执行结果如图 4-31 所示。

图 4-31　验证框架实例（前台校验）的执行结果

4.3　DWR 框架技术

4.3.1　AJAX 技术

1．AJAX 基础概念

传统 Web 应用模式（同步）如图 4-32 所示。

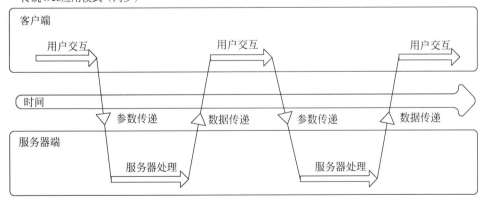

图 4-32　传统 Web 应用模式（同步）

图 4-31 是最初应用程序的交互模式，它是一种同步模式，用户只能按照传统方式，每做一步操作的时候都要等待服务器的响应后才会获取想要的数据，从时间的角度上来讲传统的应用程序是非常耗时的。

AJAX Web 应用模式（异步）如图 4-33 所示。

AJAX Web应用模式(异步)

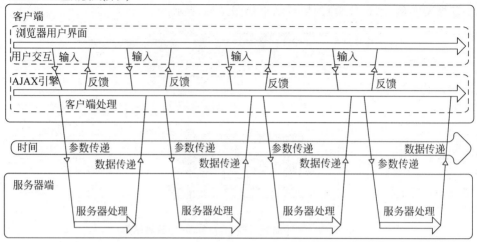

图 4-33　AJAX Web 应用模式(异步)

应用 AJAX 技术后,用户提交流程与后台处理流程变成了异步操作,从而在更加有效地利用了服务器的资源的同时缩短了前台用户的等候时间,优化了前台用户的操作体验。

AJAX 应用例子 1：异步校验。用户不需要提交表单,只是将光标离开 Name 文本框,AJAX 会在不提交表单的情况下与后台交互,并将校验结果即时反馈给用户,如图 4-34 所示。

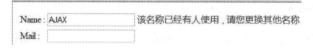

图 4-34　AJAX 应用举例子 1：异步校验

AJAX 应用例子 2：动态提示。页面中局部数据随着使用者的输入关键字而产生动态的提示效果。由于应用程序中注入 AJAX,使用户体验和应用程序的业务拓展能力得到空间的提升,如图 4-35 所示。

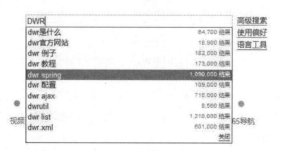

图 4-35　AJAX 应用举例子 2：动态提示

AJAX 应用例子 3：拖动变焦区域。Google 地图中将变焦区域拖动到视图中时，其响应速度如同已将所有地图存放到本地计算机一样，页面不发生任何刷新，如图 4-36 所示。

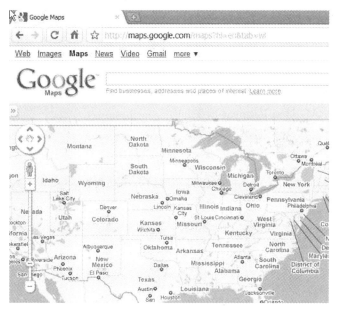

图 4-36　AJAX 应用举例子 3：拖动变焦区域

2. AJAX 技术的组成

AJAX(Asynchronous JavaScript and XML)由 JavaScript 工具构成，包括：

（1）JavaScript——Web 页面上的脚本语言。

（2）XMLHttpRequest——一个 JavaScript 对象，包括一组应用编程接口（API），提供 AJAX 的异步性。

（3）XML——可扩展标记语言，用来定义其他语言的标签式语言。

（4）HTML、CSS——用来控制用户所看到的 Web 页面的效果。

（5）DOM——文档对象模型，表示和处理 XML 文档或者 Web 页面的模型，由一组相互关联的对象组成，支持动态操作。

3. JSON 和 JavaScript 回调机制

1）JSON 介绍

JSON(JavaScript Object Notation，JavaScript 对象表示法)是一种简单的数据交换格式，是 JavaScript 用于定义对象的对象字面值注释的子集。类似于 C 语言中的数组。从开发角度上讲，使用 JSON 格式要比使用 XML 格式交换数据更容易、更透明、更简化。

例如：

```
{  firstName : "hello", lastName : "world" }
```

2) JavaScript 回调机制

同步调用是一种阻塞式调用，调用方要等待对方执行完毕才返回，它是一种单向调用；回调是一种双向调用模式，被调用方在接口被调用时也会调用对方的接口，如图 4-37 所示。

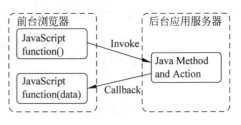

图 4-37　JavaScript 回调机制

4. AJAX 实例

步骤 1：建立 XMLHttpRequest 对象的。

代码实例 4-26：

```
var xmlHttpRequest;
/* 由于 IE 浏览器与其他类型浏览器存在兼容性问题,在这里针对不同的浏览器需进行
 *  差异化的 XMLHttpRequest 对象初始化工作.其中,IE7.0 及其他类型浏览器使用的
 *  初始方法为 new XMLHttpRequest(),IE7.0 以前的版本使用 new ActiveXObject()的方
 *  法对 xmlHttpRequest 对象进行初始化 */
if (window.XMLHttpRequest) {
    xmlHttpRequest = new XMLHttpRequest();  }
else if (window.ActiveXObject) {
    xmlHttpRequest = new ActiveXObject("Msxml2.XMLHTTP");              //针对非 IE 浏览器
    if (!xmlHttpRequest) {
        xmlHttpRequest = new ActiveXObject("Microsoft.XMLHTTP");    //针对 IE 浏览器
    }
}
return xmlHttpRequest;                                           //XMLHttpRequest 已经获取到了
```

步骤 2：向服务器传递参数、发送请求并指定服务器返回结果时的回调函数。

代码实例 4-27：

```
//指定回调(JavaScript 处理)函数 handleResponse
xmlHttpRequest.onreadystatechange = handleResponse;
/* {reqType}是请求类型 post/get,{url}是请求的路径,一般是 Servlet,action,JSP 等
 * {bool}是告诉 xmlHttpRequest 是否发出异步请求,通常设置为 true  */
xmlHttpRequest.open(reqType,url,bool);
//设置请求的头文件
xmlHttpRequest.setRequestHeader("Content - Type",
    "application/x - www - form - urlencoded; charset = UTF - 8");
/* 向服务端发送参数,get 请求方式可将参数直接写在 url 之后,并指明 send(null),
 *  post 请求方式可将所有参数写在 send(params … .)方法中 */
xmlHttpRequest.send(params/null);
```

步骤 3：在前台页面动态展示出 xmlHttpRequest 返回的结果。

代码实例 4-28：handleResponse 方法。

```
function handleResponse(){
    if(xmlHttpRequest.readyState == 4) {         // 服务器端响应完成时执行
        if(xmlHttpRequest.status == 200) {       //顺利完成请求并返回结果
```

```
            alert(xmlHttpRequest.responseText);
            var doc = xmlHttpRequest.responseXML;        //doc 变量已经满载数据了
        } else {
            alert("A problem occurred with communicating!"); //发生错误
        }
    }
}
```

xmlHttpRequest.readyState 的状态如表 4-12 所示。

表 4-12　xmlHttpRequest.readyState 的状态

状态值	说　明	状态值	说　明
0	uninitialized,未初始化	1	loading,正在载入中
2	loaded,载入完成	3	interactive,接收数据中
4	complete,完成		

xmlHttpRequest 可以获取两种数据返回类型:

(1) 标准的 XML 语言返回类型来获取数据。

声明方式:

```
var doc = xmlHttpRequest.responseXML;
```

(2) 以 JSON 数据格式获取数据。

声明方式:

```
var doc = xmlHttpRequest.responseText ;
```

4.3.2　DWR 概述

1. DWR 介绍

DWR(Direct Web Remoting,直接 Web 远程控制)开放源代码工具提供了在 AJAX 对象之上的软件开发层,完全避免了用户对 Request 对象的直接编程。DWR 也允许 Java 程序员创建 Java 类,并在客户端 JavaScript 代码中使用服务器端的 Java 对象。

DWR 是 Java 和 JavaScript 结合的开源库。通过它可以简单快速地构建 AJAX 程序,而无须了解 XMLHttpRequest 的编码细节。他容许你通过调用客户端的 JavaScript,采用看似调用览器本地代码的方法来调用服务器端的代码。

如果有多个类,每个类中有多个方法,当希望从使用 JavaScript 调用这些方法时,如果暂且忽略调用的实现机制,通常的做法是编写相关的 JavaScript 代码和后台业务逻辑代码。但是随着开发时间的推移,前后台代码之间经常会发生类型不匹配、代码臃肿等情况。如果使用 DWR 就可以轻松解决这个问题。

DWR 的显著特征是把服务器端代码视为浏览器中 JavaScript 代码的方法,每一个功能必须作为服务端点显示出来,即每个功能需要一个 Servlet。DWR 提供了大量 JavaScript

函数,能够满足动态 AJAX 应用程序的需要。

2. DWR 体系结构

DWR 体系结构如图 4-38 所示。

在图 4-38 中,客户端标记为调用代码的框就对应到 eventHandler()函数所在的 JavaScript 部分,其次服务端标记服务代码的框对应到 AJAXService 类。图左侧 eventHandler ()函数调用了 AJAXService 对象中的 getOptions()方法,用于调用远程服务器上的 Java 对象方法。传递给方法 populateList()的参数是另一个 JavaScript 函数,这是回调函数,它会在远程调用结果返回时执行。因此,带箭头的循环说明双向数据流动。图中央是 DWR 的主体,也就是其内核,是 DWRServlet 类。在很多情况下,该类是一个普通的 Java Servlet,类似于 Struts 中的 ActionServlet。

例如,<script type="text/JavaScript" src="myApp/dwr/interface/AJAXService.js"/>会向位于 myApp/dwr/interface/AJAXService.js 资源发出请求,该 URI 映射到 DWRServlet。随后,Servlet 会动态检查 Java 类 AJAXService,生成代表该类的 JavaScript,并返回给客户端以便调用。因此,在页面的全局范围中就有了名为 AJAXService 的 JavaScript 对象,这是客户端代理存根。

3. 建立 DWR 开发环境

可以在普通的 J2EE 环境中构建 DWR,而并依赖于其他的容器。DWR 开发环境如图 4-39所示。

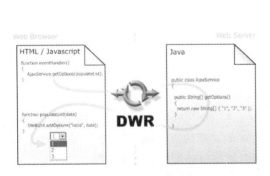

图 4-38　DWR 体系结构

图 4-39　DWR 开发环境

> 注:除了必需的 dwr.jar 包以外,DWR 开发框架还需要 commons-logging 作为其必需的日志系统支持组件,图 4-39 中使用的是 commons-logging-1.0.4.jar。

4. DWR 的配置方法

1) 配置 Web.xml 配置

代码实例 4-29:在原有 web.xml 文件中加入相应代码。

```
< SERVLET >
    < SERVLET - NAME > dwr - invoker </SERVLET - NAME >
    < SERVLET - CLASS > org. directwebremoting. servlet. DwrServlet </SERVLET - CLASS >
    < INIT - PARAM >
        < param - name > debug </param - name >
        < param - value > true </param - value >
    </INIT - PARAM >
</SERVLET >
<! -- 强烈建议使用标准映射,而不使用 Servlet 映射 -->
< SERVLET - MAPPING >
    < servlet - name > dwr - invoker </servlet - name >
    < url - pattern >/dwr/ * </url - pattern >
</SERVLET - MAPPING >
```

DWR 的参数配置如表 4-13 所示。

表 4-13　DWR 的参数配置

状 态 值	说 明
Debug	设置为 true 时,可启用 test/debug 页面,默认是 false
scriptSessionTimeout	毫秒为单位,设置脚本会话超时时间,默认是 30 分钟
maxCallCount	设置一次批量请求中最大的请求数,默认是 20。设置该参数可以降低服务器过载出错的可能性,有助于避免 DoS 攻击

2) 配置 DWR. xml 文件

任何一个良好的 XML 配置文件都会有一个 DTD(Document Type Defination,文件类型定义)规范描述,DWR. xml 配置文件中的 DTD 部分为:

```
<?xml version = "1.0" encoding = "UTF - 8"?>
<! DOCTYPE dwr PUBLIC
    " - //GetAhead Limited//DTD Direct Web Remoting 2.0//EN"
        "http://getahead. org/dwr/dwr20. dtd">
< DWR >
    ……
</DWR >
```

DWR. xml 配置文件的结构如图 4-40 所示。

(1) <allow>元素。

<allow>是 DWR. xml 配置文件的重点,它可以告知 DWR,需要哪些远程 bean,自定义 bean 的参数和返回类型如何与 JavaScript 数据类型相互转化等。在<allow>元素加入一个<create>元素。设定 creator 属性来指明采用哪个创建器,通常情况下会设定参数值为 new。还需设置 JavaScript 属性,这是在客户端代码中需要交互的对象名称。<create>的子元素<param>含有创建器正常工作所需的附加信息,每个创建器所需的参数各不相同。例如,new 创建器需要知道初始化哪个类,含有<param name = "class" value = "…">。<create>的子元素<auth>用来与 J2EE 容器管理安全整合。<create>的子元素<include>和<exclude>元素定义了允许或者禁止创建器使用的方法列表。

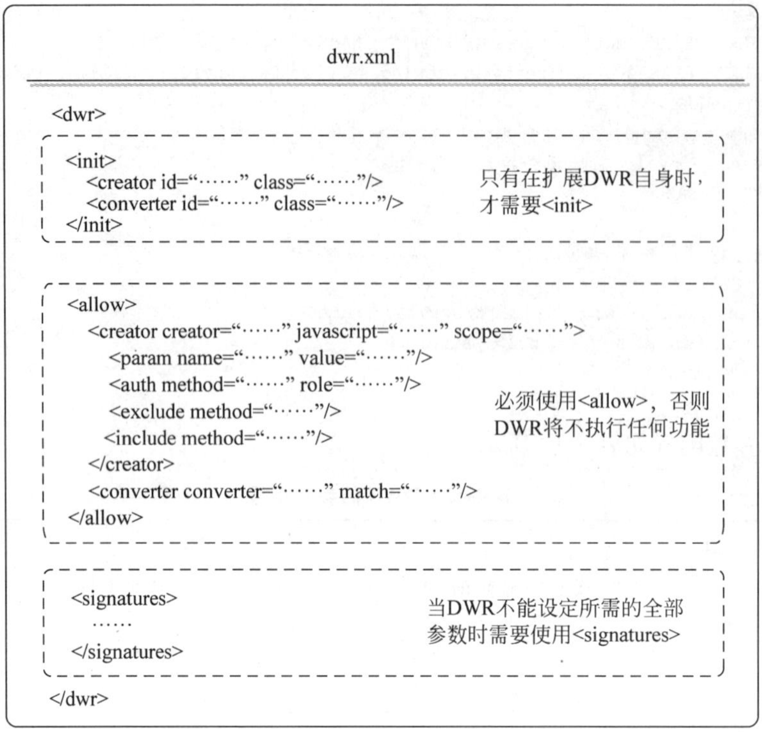

图 4-40　DWR.xml 配置文件的结构

(2)〈init〉元素

〈init〉元素用于自定义创建器和转换器。需要创建一个类,用于实现 DWR 的自定义转换器的 Converter 接口或者创建器的 Creator 接口。〈signatures〉元素是 DWR.xml 中一个可选元素,需要一些反射机制来确定该方法所期望的输入参数类型和返回类型时才会用到。

代码实例 4-30:DWR.xml 配置实例。

```
< DWR >
    < ALLOW ><! -- 用 DWR 将 com.itec.FirstDwr 转换成可供前台 JS 调用的函数 firstDwr,FirstDwr
类中方法为 sayHello()可在前台 JS 文件中调用 firstDwr.sayHello() -->
        < create creator = "new" JavaScript = "firstDwr">
            < param name = "class" value = "com.itec.FirstDwr"/>
        </create >
        < create creator = "new" JavaScript = "string">
            < param name = "class" value = "java.lang.String"/>
        </create >
        < create creator = "new" JavaScript = "dataTime">
            < param name = "class" value = "java.util.Date"/>
        </create >
        < convert match = "com.itec.PersonInfo" converter = "bean"/>
    </ ALLOW >
</ DWR >
```

这里出现了新的配置元素：＜convert match＝"com. itec. PersonInfo" converter＝"bean"/＞,要在 JS 中使用 PersonInfo 对象,就必须通过 converter 声明 PersonInfo 是一个符合 getter/setter 规范的 JavaBean,这样在页面中就可用 JS 创建/使用 PersonInfo 对象。而且像 Java 中的 String,Date 等都可以经过 DWR 转换供前台 JS 调用。

5. DWR 中内置的创建器和转换器

任何被远程访问的 JavaBean 都需要一个创建器,它可以创建指定类型 bean 的全部细节、传给方法的参数,以及方法所返回的参数,它了解如何实现 Java 类型和 JavaScript 类型相互转换的全部细节。DWR 内置创建器如表 4-14 所示。

表 4-14　DWR 内置创建器

状 态 值	说　　明
new	通过 Java 的 new 操作符,可以访问远程的任何类型的 bean,但是在发出远程调用之前不能建立 bean
none	不创建对象：适用于对象已经存在或是调用静态方法
struts	使用 Struts ActionForm bean
spring	通过 Spring 框架访问 bean

DWR 转换器如表 4-15 所示。

表 4-15　DWR 转换器

JavaScript	Java	Array 数组	List,Collection 数组
Boolean	Boolean	Object	Map,JavaBean
String	String	Date	Date
Numbers	int,double,float	XML DOM	DOM
Undefined	null		

6. DWR 的 Debug 方法

(1) 步骤 1：在浏览器地址栏中输入"http://［路径名/］＋［项目名/］＋dwr",即可看到所配置的 Java 类是否成功的转换为可供前台调用的 JavaScript 对象,如图 4-41 所示。

图 4-41　DWR 的 Debug 步骤 1

173

（2）步骤 2：点击页面上的 Time 对象后会出现该对象中的所有方法，如图 4-42 所示。

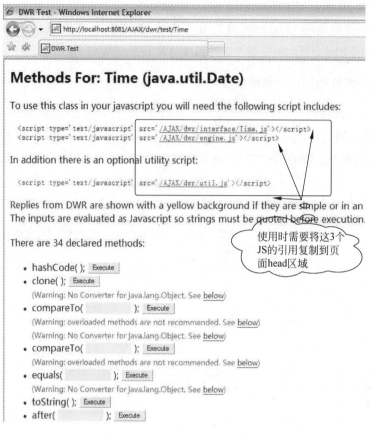

图 4-42　DWR 的 Debug 步骤 2

（3）步骤 3：执行 hashCode()方法"Execute"按钮的
执行结果如图 4-43 所示。

7. DWR 的调用方法

（1）建立服务器端 JavaBean，作用是接受一个字
符串然后将其和时间拼接后返回，如代码实例 4-31 所示。

代码实例 4-31：

There are 34 declared methods:
* hashCode( ); Execute 586729400
* clone( ); Execute
  (Warning: No Converter for java.lang.Object. See below)

图 4-43　DWR 的 Debug 步骤 3

```
package com.itec.dwr.FirstDWR;
public class FirstDWR {
    public String sayHello(String u_name) {
        return u_name + System.currentTimeMillis();
    }
}
```

（2）在 DWR.xml 文件中对 FirstDwr 类进行配置。先将 dwr.jar 文件导入到工程中，再把 DwrServlet 配置到 WEB. xml 中,做好相关的路径映射等配置。

代码实例 4-32：DWR. xml。

```
< DWR >
    < ALLOW >
        < create creator = "new" JavaScript = "FirstDWR">
            < param name = "class" value = "com. itec. dwr. FirstDWR"/>
        </create >
    </ALLOW >
</DWR >
```

（3）开发前台 JSP/HTML 页面。

代码实例 4-33：

```
< HEAD >  ......
    < script type = "text/JavaScript" src = "[项目名称]/dwr/interface/FirstDWR.js" />
    < script type = "text/JavaScript" src = "[项目名称]/dwr/engine.js" />
    < script type = "text/JavaScript" src = "[项目名称]/dwr/util.js" />
    < script type = "text/JavaScript" src = "../js/tools.js" /> ......
</HEAD >
< BODY >< P >
    < INPUT id = "userName" type = "text"/>
    < button onclick = "showResult()" value = "Invoke Application"/> </P >
    < DIV id = "showArea"></DIV >
</BODY >
```

（4）编写 JavaScript 文件 tools. js。

代码实例 4-34：

```
function showResult() {
    var name = dwr.util.getValue('userName');
    //调用后台 Java 函数,传入了要调用服务器上的 Java 对象方法的参数,第二个参数是
    //sayHello 函数处理完毕后的回调函数
    FirstDWR.sayHello(name,callBack);
}
function callBack(data) {
    dwr.util.setValue("showArea", null);
    var srcData = dwr.util.getValue("showArea");
    dwr.util.setValue("showArea", data + "\r\n" + srcData);
}
```

回调函数的书写规则包括：如果第一个或最后一个参数是 JavaScript 函数,那么它就是回调函数,并且其他参数都是后台 Java 函数所需的参数；如果第一个参数为 null,则其他参数都是后台 Java 方法所需要的参数；如果最后一个参数是 null,那么就没有回调函数。

（5）DWR 的调用实例运行结果如图 4-44 所示。

8. DWR 提供的常用工具函数

在代码实例 4-32 中，提取和设置 HTML 组件值使用到了 DWR.util 工具包，这个 JavaScript 包中封装了许多常用的 JavaScript 函数，如"var theValue = dwr.util.getValue(组件名);"用于提取对应名字组件的值；"dwr.util.setValue(组件名,组件值);"用于设置对应名字的组件值。

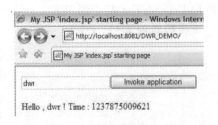

图 4-44 DWR 的调用实例运行结果

此外，DWR 服务器端常用工具类包括 WebContext 和 WebContextFactory，这两个类所在的包路径是"org.directwebremoting. * ;"。有了 WebContext(使用 Threadlocal，因此每个请求线程都有一个)，就可以访问大多数标准 Servlet 对象，如：

```
request = webContext.getHttpServletRequest(); response = webContext.getServletResponse();
config = webContext.getServletConfig(); session = webContext.getSession();
context = webContext.getServletContext();
```

4.3.3 完整 DWR 应用实例

1. 应用实例要求

DWR 中的 JavaScript 可以接收后台返回的 xml、字符串(整型)和集合类型及 Java 对象。本节实例将介绍 JavaScript 解析 Java 方法返回的集合类型，并展示 DWR.util 工具包更多的用法。实例要求是：用户在界面中输入用户名时，即可查服务服务器上的用户列表，并将用户数据展示在前台表格中，前台用户可以增加、删除、修改这些用户数据。页面功能如图 4-45 所示。

当加载页面时，下拉框中即装入从 UserManager 类中调用 getAreaMap()方法(返回类型为 Map)返回的地区列表填充下拉框；当用户在下拉框中选择一个地区时，即触发其 onChange 事件，调用 UserManager 类内部的 getUserByAreaID(int areaId)方法，并返回 UserInfo 类型对象的列表来填充表格，页面功能如图 4-46 所示。

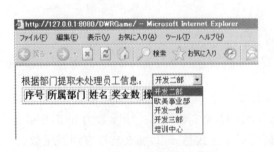

图 4-45 DWR 应用实例页面功能 1

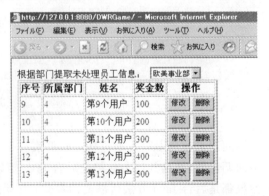

图 4-46 DWR 应用实例页面功能 2

单击"修改"按钮后,表格下方将出现可修改的表单组件,并将修改后的值保存到服务器,页面功能如图 4-47 所示;单击"删除"按钮将从表格中删除当前行,并调用服务器上的 deleteUser(int id)方法,删除时将弹出确认对话框,如图 4-48 所示。

图 4-47　DWR 应用实例页面功能 3

图 4-48　DWR 应用实例页面功能 4

2. 后台 Java 编码

后台由用户数据对象 UserInfo.java 和 DWR 调用方法 UserManager.java 两个类实现,UserInfo.java 的作用是保存员工对象属性数据,UserManager.java 是为前台 DWR 提供调用方法,如取得地区列表、修改用户数据等。

代码实例 4-35:UserInfo.java。

```
package com.itec.dwr.bean;
public class UserInfo {                                    //页面用到的属性
    private int id;   private String name;   private int areaId;   private int fixFee;
                                                           //属性对应的 Getter、Setter
    public int getId() { return id; }   public void setId(int id) { this.id = id; }
    public String getName() { return name; }
    public void setName(String name) { this.name = name; }
    public int getAreaId() { return areaId; }
    public void setAreaId(int areaId) { this.areaId = areaId; }
    public int getFixFee() { return fixFee; }
    public void setFixFee(int fixFee) { this.fixFee = fixFee; }
                                                           //用于 debug
    public String toString() {
  return "id:" + this.id + " areaId:" + this.areaId + " name:" + this.name + " fixFee:" +
this.fixFee;
    }
}
```

代码实例 4-36:serManager.java。

```java
package com.itec.dwr;
import java.util.*;
import com.itec.dwr.bean.*;
public class UserManager {                      //区域列表,在类装载时初始化
    private static Map departmentList = new HashMap();
    static {  departmentList.put(1,"开发一部");  departmentList.put(2,"开发二部");
            departmentList.put(3,"开发三部");  departmentList.put(4,"欧美事业部");
            departmentList.put(5,"培训中心");  }
            private static int userId = 0;//用与生成用户唯一 ID
                                //取得用户的地区域列表 Map 中的部门 ID,部门名
            public Map getAreaMap() {  return departmentList;  }
                                //根据地区代号提取用户列表
            public List<UserInfo> getUserByAreaID(int areaId) {
                System.out.println("AreaID : " + areaId);
                List<UserInfo> userList = new ArrayList();
                                    // 模拟生成员工列表
                int count = new java.util.Random().nextInt(5) + 4;
                for (int i = 1; i <= count; i++) {
                    userId++;  UserInfo us = new UserInfo();  us.setId(userId);
                    us.setAreaId(areaId);  us.setName("第" + userId + "个用户");
                    us.setFixFee(100 * i);  userList.add(us);
                }
                return userList;
            }
    public boolean updateUser(UserInfo user) {            //增加、修改、保存用户到数据库
        System.out.println("updateUser OK: " + user.toString());
        return true;
    }
    public boolean deleteUser(int id) {     //根据用户 id 删除用户
        System.out.println("deleteUser OK: ID" + id);
        return true;
    }
}
```

3. 编写 DWR. xml 配置文件

在 DWR. xml 中加入配置,将 Java 对象可调用的方法暴露给 JavaScript。

代码实例 4-37:DWR. xml。

```xml
<?xml version = "1.0" encoding = "UTF-8"?>
<!DOCTYPE dwr PUBLIC " -//GetAhead Limited//DTD Direct Web Remoting 2.0//EN"
    "http://getahead.org/dwr/dwr20.dtd">
<DWR>                                       <!-- 用户管理类的映射 -->
    <ALLOW>
        <create JavaScript = "userManager" creator = "new" scope = "script">
            <param name = "class" value = "com.itec.dwr.UserManager" />
        </create>
        <convert match = "com.itec.dwr.bean.UserInfo" converter = "bean" />
    </ALLOW>
</DWR>
```

4. DWR 框架测试

编写完后台逻辑、配置好 DWR.xml 之后需要进行测试。测试时可直接在页面上调用后台对象可用的方法，并可即时看出结果。DWR 框架测试示例如图 4-49 所示。

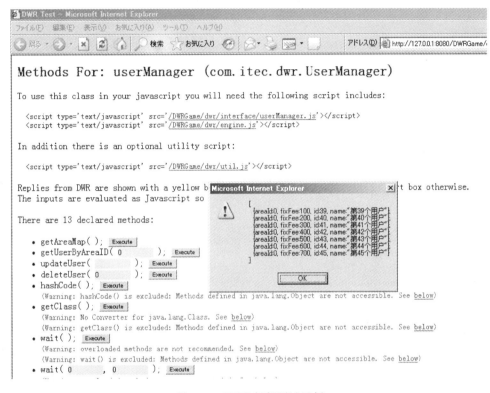

图 4-49　DWR 框架测试示例

注意，涉及 DWR 调用的 Java 对象及其方法必须是 public 型的。在图 4-48 中，如果 UserInfo 类为非 public，测试时将会看到错误提示信息，如图 4-50 所示。

警告: Conversion error for java.util.ArrayList.

org.directwebremoting.extend.MarshallException:

Error marshalling cn.itec.dwr.bean.UserInfo: Class org.directwebremoting.impl.PropertyDescriptorProperty

can not access a member of class cn.itec.dwr.bean.UserInfo with

modifiers "public". See the logs for more details.

at org.directwebremoting.impl.PropertyDescriptorProperty.getValue

(PropertyDescriptorProperty.java:70)

at org.directwebremoting.convert.BasicObjectConverter.convertOutbound

(BasicObjectConverter.java:188)

at org.directwebremoting.dwrp.DefaultConverterManager.convertOutbound

(DefaultConverterManager.java:192)

at org.directwebremoting.convert.CollectionConverter.convertOutbound

(CollectionConverter.java:206)

图 4-50　DWR 测试错误提示信息

5. 编写前台页面 Html 部分

代码实例 4-38：index.jsp。

```
<%@ page language = "java" import = "java.util. * " pageEncoding = "utf-8"%>
<!DOCTYPE HTML PUBLIC "-//W3C//DTD HTML 4.01 Transitional//EN">
<HTML>
    <HEAD><meta http-equiv = "Content-Type" content = "text/html; charset = GBK">
        <!-- 引入 DWR 的 JavaScript 脚本 -->
        <SCRIPT type = "text/JavaScript" src = "/DWRGame/dwr/interface/userManager.js" />
        <SCRIPT type = "text/JavaScript" src = "/DWRGame/dwr/engine.js" />
        <SCRIPT type = "text/JavaScript" src = "/DWRGame/dwr/util.js" />
        <SCRIPT type = "text/JavaScript">【其他 JS 函数……】</script>
    </HEAD>
    <BODY onload = "fillSelectUserArea();">根据部门提取未处理员工信息:
        <SELECT id = "selectUserArea"
            onchange = "displayselectUserArea(this)"></SELECT>
        <TABLE border = "2">
            <THEAD>
                <TR>  <TH>序号</TH>  <TH>所属部门</TH>  <TH>姓名</TH>
                    <TH>奖金数</TH>  <TH>操作</TH>
                </TR>
            </THEAD>
            <TBODY id = "userTable"></tbody>
        </TABLE>
        <!-- 初始设为不可见 -->
        <DIV id = "editDiv" style = "visibility:hidden">
            员工序号: <SPAN id = "spanuserid"></SPAN>
            名字: <INPUT id = "iptname" type = "text" size = "10"/><BR/>
            所属部门: <INPUT id = "iptarea" type = "text" size = "10"/>
            奖金数: <INPUT id = "iptfixFee" type = "text" size = "10"/><BR/>
            <INPUT type = "button" value = "保 存" onclick = "updateUser()"/>
            <INPUT type = "button" value = "清 空" onclick = "clearPerson()"/>
        </DIV>
    </BODY>
</HTML>
```

6. 编写前台页面 JavaScript 部分

代码实例 4-39:

```
var userCache = {};                      //定义一个数组,用以缓存表中的用户信息
function fillSelectUserArea(){           //填充用户区域下拉表——DWR 调用
    userManager.getAreaMap(callBackFSU);
}
var callBackFSU = function(areaList){    //填充用户区域下拉表 DWR 调用的回调方法
    DWRUtil.removeAllOptions("selectUserArea");
    DWRUtil.addOptions("selectUserArea", areaList);
};
```

```
function displayselectUserArea(sua){ //根据 selectUserArea 组件选择值调用填充表格的函数
    fillTable(sua.value);
}
function fillTable(theAreaID){          //从服务器上获取用户数据集合填充表格——DWR 调用
    if (theAreaID == null) {  theAreaID = dwr.util.getValue("selectUserArea");  }
    userManager.getUserByAreaID(theAreaID, callBack);
}
var callBack = function(userList){  //提取用户列表的回设函数: userList 中放的是用户对象
    dwr.util.removeAllRows("userTable");                        // Delete all the rows
    document.getElementById("editDiv").style.visibility = 'hidden';
    var dtable = document.getElementById("userTable");          //取得 html 中表格对象
    for (var i = 0; i < userList.length; i++) {
        theUser = userList[i];
      . var elTr = dtable.insertRow(-1);                        //在 table 中新建一行
        //注意这句: 标识以后面删除时 dom 对象的唯一 ID
        var userTableRowID = i * 1000;
        elTr.setAttribute("id", userTableRowID);
        var idTd = elTr.insertCell(-1);                         //创建 id 列
        idTd.innerHTML = theUser.id;
        var areaTd = elTr.insertCell(-1);                       //创建 departmentID 列
        areaTd.innerHTML = theUser.areaId;
        var nameTd = elTr.insertCell(-1);                       //创建 name 列
        nameTd.innerHTML = theUser.name;
        var fixFeeTd = elTr.insertCell(-1);                     //创建 name 列
        fixFeeTd.innerHTML = theUser.fixFee;
        var editTd = elTr.insertCell(-1);                       //创建编辑及删除按钮
var editBTN = "< input type = 'button' value = '修改' onclick = 'editUser(" + theUser.id + ");'/>";
var deleteBTN = "< input type = 'button'   value = '删除' onclick = 'deleteUser(" + theUser.id +
"," + userTableRowID + ");\'/>";
        editTd.innerHTML = editBTN + " " + deleteBTN;
        userCache[theUser.id] = theUser;                        //将用户保存到缓存中
    }
};
//修改某个用户的事件处理:参数为用户 ID
function editUser(userID){
    document.getElementById("editDiv").style.visibility = 'visible';
    var user = userCache[userID];
    alert("要修改的用户是: " + user.id);
    dwr.util.setValues({
        spanuserid: user.id,   iptname: user.name,
        iptarea: user.areaId,   iptfixFee: user.fixFee  });
}
//删除某个用户的事件处理——DWR 调用
function deleteUser(userID, userTableRowID){
    alert("要修改的用户 ID 是: " + userID + "表中的行 ID 是: " + userTableRowID);
    var user = userCache[userID];
    if (confirm("Are you sure you want to delete " + user.name + "?")) {
        var rowToDelete = document.getElementById(userTableRowID);
```

```
                var userTable = document.getElementById("userTable");
                //从表格中移除用户数据行
                userTable.removeChild(rowToDelete);
                userManager.deleteUser(userID);
            }
        }
//更新用户事件处理——DWR调用
function updateUser(){                          //创建一个js中的UserInfo对象,发送给服务器
        var user = new Object();
        user.id = dwr.util.getValue("spanuserid");
        user.areaId = dwr.util.getValue("iptarea");
        user.name = dwr.util.getValue("iptname");
        user.fixFee = dwr.util.getValue("iptfixFee");
        window.alert("要修改的用户ID为: " + user.id);
        userManager.updateUser(user, callbackForUDUser);
}
//更新用户的回调函数
var callbackForUDUser = function(result){
        if (result) {
            fillTable();
            window.alert("用户信息保存成功!");   }
        else {  window.alert("用户信息保存失败!");
        }
};
//清除输入框中的用户数据
function clearUserInput(){
        dwr.util.setValues({
        spanuserid: null,   iptname: null,   iptarea: null,   iptfixFee: null  });
}
```

4.3.4 DWR 高级特性说明

1. engine.js

engine.js 是 DWR 中的核心 JavaScript 库,用来转换动态生成接口的 JavaScript 函数调用,所以只要用到 DWR 的地方就需要它。

基本用法:

< script type = "text/JavaScript" src = "[项目名称]/dwr/engine.js" />

在使用 engine.js 之前,必须进行文件导入操作。

基本用法:

< script type = "text/JavaScript" src = "[项目名称]/dwr/util.js" />

engine.js 封装的方法如表 4-16 所示。

表 4-16　engine.js 封装的方法

方　　法	说　　明
$()	相当于 DOM 操作中的 document.getElementById();
dwr.util.addOptions(selectid, array)	创建 option,每个 option 的文字和值都是数组元素中的值
dwr.util.addOptions(selectid, data, prop)	用每个数组元素创建一个 option,其值和文字都是在 prop 中指定对象的属性
dwr.util.addOptions(selectid, array, valueprop, textprop)	用每个数组元素创建一个 option,其值是对象的 valueprop 属性,其文字是对象的 textprop 属性
dwr.util.addOptions(selectid, msp, reverse)	用每个属性创建一个 option
dwr.util.removeAllOptions(selectid)	删除指定下拉列表框中的所有选项
dwr.util.removeAllrows(参数)	指定参数的行被删除,通常用于删除表
dwr.util.addRows(id, array, cellfunctions[,options])	向指定 id 的 table 添加行,使用数组中每一个元素在 table 中创建一行。然后用 cellfunctions 数组中的函数创建一个列,单元格是依次用 cellfunctions 根据每一个数组中的元素创建

代码实例 4-40:

```
var cellFuncs = [
    function(data) { return data; },
    function(data) { return data.toUpperCase(); },
    function(data) {
        return "< input type = 'button' value = 'Test' onclick = 'alert("Hi");'/>";
    },
    function(data) { return count++; }
];
var count = 1;
dwr.util.addRows (  "demo1", ['开发一部', '开发二部', '开发三部'],cellFuncs,
                { escapeHtml:false }  )
```

2. DWRUtil 的常用方法

DWRUtil 的常用方法如表 4-17 所示。

表 4-17　DWRUtil 的常用方法

方　　法	说　　明
getText(id)	获取下拉列表中显示的值而 DWRUtil.getValue(id)是获得显示的值对应的下拉列表的值
getValue(id)	获取指定页面元素的值(Value 项)
getValues(id)	获取指定元素 id 对应的一组值,值是一个数组
setValue(id, value)	给指定 id 元素赋值(设定 value 属性)
useLoadingMessage(message)	设定页面载入时的载入等待信息,参数 message 为字符串类型,可以是文字或图片地址

4.3.5　DWR 与其他框架的整合

1. DWR 与 Struts 框架的整合

使用 DWR 可以创建并调用 Struts 表单 bean 的方法,此时只需要一个新的创建器。

代码实例 4-41:

```
< ALLOW >
    < create create = "struts" JavaScript = "这个地方可以自定义" >
        < param name = "formBean" value = "formBean 的路径" />
    </create >
</ALLOW >
```

几点说明:create 属性必须是 struts;<param>中的 name 属性必须是 formBean;启动顺序是 Struts 的 ActionServlet 要在 DWR 的 DwrServlet 前先启动,即在 web. xml 文件中 Struts 的<load-on-startup>值要比 DWR 的值小。

Struts 创建器是无法处理 Action 的,因为初始化的是表单 bean 而不是 Action。在 Struts 中调用 Action 时,execute()方法中使用任何方法都需要一个表单 bean、Action 映射、请求以及响应对象。DWR 可以处理请求及响应对象,却无法处理表单 bean 和 Action 映射。

2. DWR 与 Hibernate 框架的整合

DWR 本身不存在与 Hibernate 整合的概念,只是把 POJO 对象配置暴露出来而已。如<convert match="cn. netjava. pojo. * " converter="hibernate3"/>,此时转化了所有数据库表的 POJO 对象到前台 JavaScript 中,如果要排除某些属性的暴露,可以 create 元素中加上排除参数,如 < param name = " exclude" value = " propertyToExclude1, propertyToExclude2"/>。

3. DWR 与 EXT 框架的整合

1) 在 Ext 中使用 DWR

因为在前台的表现形式和普通的 JavaScript 完全一样,直接使用 EXT 调用 DWR 生成的 JavaScript 函数即可。以 Grid 为例,要显示通讯录信息,后台数据有 id、name、sex、email、tel、addTime 和 descn。

代码实例 4-42: 编写对应的 POJO。

```
public class Info {
    long id;  String name;  int sex;  String email;
    String tel;  Date addTime;    String descn;
}
```

代码实例 4-43：编写操作 POJO 的 manager 类。

```
public class InfoManager {
    private List infoList = new ArrayList();
    public List getResult() {   return infoList;   }
}
```

代码实例 4-44：EXT 与 DWR 交互的 JavaScript 部分代码。

```
var cm = new Ext.grid.ColumnModel([
    {   header: '编号', dataIndex: 'id'   },  {   header: '名称', dataIndex: 'name'   },
    {   header: '性别', dataIndex: 'sex'   },  {   header: '邮箱', dataIndex: 'email'   },
    {   header: '电话', dataIndex: 'tel'   },  {   header: '添加时间', dataIndex: 'addTime'   },
    {   header: '备注', dataIndex: 'descn'   }
]);
var store = new Ext.data.JsonStore({
    fields: ["id", "name", "sex", 'email', 'tel', 'addTime', 'descn']
});
// 调用 DWR 取得数据
infoManager.getResult(   function(data) {   store.loadData(data);   }   );
var grid = new Ext.grid.GridPanel(   {   renderTo: 'grid',   store: store,   cm: cm   }   );
```

代码实例 4-42 中执行 infoManager.getResult()函数时，DWR 会使用 AJAX 去后台获取数据，操作成功后调用定义的匿名回调函数，此时只做将返回的 data 直接注入到 ds 中。DWR 返回的 data 可以被 JsonStore 直接读取，需要设置对应的 fields 参数，以告诉 JsonReader 需要哪些属性。在这里，EXT 和 DWR 两者之间没有任何关系，将它们任何一方替换掉都可以。实际上 EXT 和 DWR 只是在一起运行，并没有整合。这个实例也说明了一种松耦合的可能性，实际操作中完全可以使用这种方式。

2）DWRProxy

结合使用 EXT 和 DWR 不需要对后台程序进行任何修改，可以直接让前后台进行交互。此时考虑 Grid 分页、刷新、排序、搜索等操作的细节。借助 DWRProxy 可以让 DWR 和 EXT 连接得更加紧密，需要在后台添加 DWRProxy 所需要的 Java 类。注意，DWRProxy.js 一定要放在 ext-base.js 和 ext-all.js 后面，否则会出错。

以 DWRProxy 来实现分页为例，要准备好插件 DWRProxy.js 和后台专门用于分页的封装类。这个封装类要告诉前台显示哪些数据、一共有多少条数据等信息。

代码实例 4-45：ListRange.java。

```
public class ListRange {   Object[] data;   int totalSize;   }
```

在代码实例 4-45 中，ListRange 的属性是提供数据的 data 和提供数据总量的 totalSize。

代码实例 4-46：InfoManager.java。

```
public ListRange getItems(Map conditions) {
    int start = 0;   int pageSize = 10;   int pageNo = (start / pageSize) + 1;
    try {
        start = Integer.parseInt(conditions.get("start").toString());
        pageSize = Integer.parseInt(conditions.get("limit").toString());
        pageNo = (start / pageSize) + 1;
    } catch (Exception ex){
        ex.printStackTrace();
    }
    List list = infoList.subList(start, start + pageSize);
    return new ListRange(list.toArray(), infoList.size());
}
```

在代码实例 4-46 中，getItems()的参数是 Map，可以从中获得需要的参数，如 start 和 limit。但是 HTTP 的参数都是字符串，而这里需要数字，所以要对参数进行相应的类型转换。根据 start 和 limit 两个属性从全部数据中截取一部分，放进新建的 ListRange 中，然后把生成的 ListRange 返回给前台就可以了。

通过 Ext.data.DWRProxy 和 Ext.data.List-RangeReader 两个扩展，EXT 完全可以支持 DWR 的数据传输协议。这正是 EXT 要把数据和显示分离设计的原因，这样只需添加自定义的 proxy 和 reader，不需要修改 EXT 的其他部分，就可以实现从特定途径获取数据的功能。

代码实例 4-47：

```
var store = new Ext.data.Store({
    proxy: new Ext.data.DWRProxy(infoManager.getItems, true),
    reader: new Ext.data.ListRangeReader(
        { totalProperty: 'totalSize',  root: 'data',  id: 'id' }, info ),
    remoteSort: true
});
```

这里只修改了 proxy 和 reader，其他地方都不需要修改，Grid 就可以运行了。需要注意的是 DWRProxy 的用法，其中包括两个参数：dwr-Call 把一个 DWR 函数放进去，它对应的是后台的 getItems 方法；paging-AndSort 控制 DWR 是否需要分页和排序。

ListRangeReader 部分与后台的 ListRange.java 对应。totalProperty 表示后台数据总数，通过它指定从 ListRange 中读取 totalSize 属性的值来作为后台数据总数。还需指定 root 参数，以告诉它在 ListRange 中的数据变量的名称为 data，随后 DWRProxy 会从 ListRange 中的 data 属性中获取数据并显示到页面上。如果不想使用 ListRange.java 类，也可以创建一个类，只需把 totalProperty 和 data 两个属性与之对应即可。

3）DWRTreeLoader

DWR 支持树形结构，在后台将树形节点对应 TreeNode.java。

代码实例 4-48：

```
public class TreeNode {
    String id;  String text;  boolean leaf;
}
```

在代码实例 4-48 中,id 是节点的唯一标记,知道了 id 就能知道是在触发哪个节点了。text 是显示的标题,leaf 用来标记这个节点是不是叶子。TreeNodeManager. java 里的getTree()方法将获得一个节点的 id 作为参数,返回这个节点下的所有子节点。这里没有限制生成的树形的深度,用户可以根据需要进行设置。

代码实例 4-49:TreeNodeManager. java。

```
List list = new ArrayList();
    String seed1 = id + 1;  String seed2 = id + 2;  String seed3 = id + 3;
    list.add(new TreeNode(seed1, "" + seed1, false));
    list.add(new TreeNode(seed2, "" + seed2, false));
    list.add(new TreeNode(seed3, "" + seed3, true));
    return list;
}
```

代码实例 4-49 实现的效果与在 Java 中使用 List 或数组是相同的,返回给前台的数据都是 JSON 格式。前台使用 JavaScript 处理返回信息的部分先引入 DWRTree-Loader. js,然后把 TreeLoader 替换成 DWRTreeLoder 即可。

代码实例 4-50:前台使用 JavaScript 处理返回信息。

```
var tree = new Ext.tree.TreePanel('tree', {
    loader: new Ext.tree.DWRTreeLoader({  dataUrl: treeNodeManager.getTree  })
});
```

代码实例 4-50 中的参数依然是 dataUrl,它的值 treeNodeManager. getTree 代表的是一个 DWR 函数,它的内部会自动处理数据之间的对应关系。

4) DWRProxy 与 ComboBox

DWRProxy 既可以用在 Ext. data. Store 中,也可以为 ComboBox 服务。

代码实例 4-51:

```
var info = Ext.data.Record.create([
    {  name: 'id', type: 'int'  },
    {  name: 'name', type: 'string'  }
]);
var store = new Ext.data.Store({
    proxy: new Ext.data.DWRProxy(infoManager.getItems, true),
    reader: new Ext.data.ListRangeReader(
        {  totalProperty: 'totalSize',  root: 'data',  id: 'id'  },
    info)
});
var combo = new Ext.form.ComboBox(
    {  store: store,  displayField: 'name',  valueField: 'id',  triggerAction: 'all',
        typeAhead: true,  mode: 'remote',  emptyText: '请选择',  selectOnFocus: true
});
combo.render('combo');
```

可以用 mode：'remote'和 triggerAction：'all'在第一次选择时读取数据,也可以设置 mode：'local',然后手工操作 store. load()并读取数据。DWR 要比 JSON-lib 方便很多,而且 DWR 返回的数据可以直接作为 JSON 使用,使用 JSON-lib 时还要面对循环引用。

4.4 Hibernate 数据中间层技术

4.4.1 基本概念

1. 持久层概述

持久(Persistence)是把数据保存到可掉电式存储设备中。企业级应用的数据持久化意味着将内存中的数据保存到磁盘上加以"固化",而持久化的实现过程大多通过各种关系型数据库来完成。

持久层是在系统逻辑层面上,专注于实现数据持久化的一个相对独立的领域(Domain),作为系统架构中一个相对独立的逻辑层面,持久层专注于数据持久化逻辑的实现,与系统其他部分相对而言,这个层面应该拥有一个较为清晰和严格的逻辑边界。持久层的结构如图 4-51 所示。

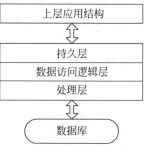

图 4-51　持久的结构

2. DAO 模式概述

首先来看一段代码,如代码实例 4-52 所示。

代码实例 4-52:

```java
public BigDecimal calcAmount(String customerID, BigDecimal amount) {
    Connection conn = DBHelper.getConnection();                    //获取数据连接
    PreparedStatement stmt_customer = conn.prepareStatement(        //获取客户等级
        "select level from customer" + " where id = ?");
    stmt_customer.setString(1, customerID);
    ResultSet rset_customer = stmt_customer.executeQuery();
    if (rset_customer.next()) {
        int customerLevel = rset_customer.getInt(1);
        PreparedStatement stmt_promotion = conn.prepareStatement (
            "select ration from promotion where cust_level = ?");
        stmt_promotion.setInt(1, customerLevel);
        ResultSet rset_promotion = stmt_promotion.executeQuery();
        double ratio = 1;
        if (rset_promotion.next()) {   ratio = rset_promotion.getDouble(1);   }
        amount = amount.multiply(new BigDecimal(ratio));
        PreparedStatement stmt_updateCustomer = conn.prepareStatement(
            "update customer set sum_amount = sum_amount + ? " + "where id = ?");
        stmt_updateCustomer.setDouble(1, amount.doubleValue());
```

```
        stmt_updateCustomer.setString(2, customerID);
        stmt_updateCustomer.executeUpate();
        stmt_updateCustomer.close();
        stmt_promotion.close();
        rset_promotion.close();
    }
    rset_customer.close();
    stmt_customer.close();
    return amount;
}
```

代码实例4-52中数据库访问代码与业务逻辑代码混杂,不容易梳理其中业务流程,所以其代码质量并不高。实际上,其业务处理逻辑是要完成如下任务:

(1) 根据客户 ID 取出客户当前等级。

(2) 根据客户等级获得打折比率。

(3) 根据总金额×打折比率得到实际支付金额。

(4) 将本次实际支付金额累计到客户累计消费额字段。

(5) 返回实际金额。

为了数据库访问代码与业务逻辑代码混杂的问题,引入 DAO(Data Access Object)模式。DAO 是 Data Accessor 模式和 Active Domain Object 模式的组合,其中 Data Accessor 模式实现了数据访问和业务逻辑的分离,而 Active Domain Object 模式实现了业务数据的对象化封装,这两个模式一般组合使用。DAO 模式如图 4-52 所示。

DAO 模式通过对业务层提供数据抽象层接口,实现了以下目标:

1) 数据存储逻辑的分离

通过对数据访问逻辑进行抽象,为上层结构提供抽象化的数据访问接口。业务层无须关心具体的 select、insert、update 操作。一方面,避免了业务代码中混杂 JDBC 调用语句,使得业务逻辑能够更加清晰;另一方面,由于数据访问接口与数据访问实现相分离,也使得开发人员的专业划分成为可能。某些精通数据库操作技术的开发人员可以根据接口提供数据库访问的最优

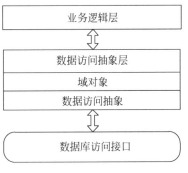

图 4-52　DAO 模式

化实现,而精通业务的开发人员则可抛开数据层的烦琐细节,专注于业务逻辑编码。

2) 数据访问底层实践的分离

DAO 模式通过将数据访问划分为抽象层和实现层,从而分离了数据使用和数据访问的底层实现细节,这意味着业务层与数据访问的底层细节无关,可以在保持上层结构不变的情况下,通过切换底层实现来修改数据访问的具体机制。比如可以通过替换数据访问层实现,将系统部署在不同的数据库平台之上。

3) 资源管理和调度的分离

大多数系统的性能瓶颈并非集中于业务逻辑处理本身,在系统设计的各种资源调度过

程中,可能存在着最大的性能黑洞。而数据库作为业务系统中最重要的系统资源,也就成为关注的焦点。DAO 模式将数据访问逻辑从业务逻辑中脱离出来,使得在数据访问层实现统一的资源调度成为可能,通过数据连接池以及各种缓存机制(Statement Cache、Data Cache 等,缓存的使用是高性能系统实现的关键)的配合使用,往往可以在保持上层系统不变的情况下,大幅度提升系统性能。

4) 数据抽象

在基于 JDBC 调用的代码中,程序员面对的数据多是原始 RecordSet 数据集,数据集可以提供足够的信息,但对于业务逻辑开发过程而言,各种类型的数据字段就显得过于琐碎。

代码实例 4-53:

```
public BigDecimal calcAmount(String customerID, BigDecimal amount) {
    //根据客户 ID 获得客户记录
    Customer customer = CustomerDAO.getCustomer(customerID);
    //根据客户等级获得打折规则
    Promotion promotion = PromotionDAO.getpromotion(customer.getLevel());
    //累计客户总消费额,并保存累计结果
    Customer.setSumAmount(customer.getSumAmount().add(amount));
    Customer.save(customer);
    //返回打折后金额
    return amount.multiply(promotion.getRatio());
}
```

4.4.2 Hibernate 概述

Hibernate 提供了强大、高性能的对象到关系型数据库的持久化服务。利用 Hibernate,开发人员可以按照 Java 的基础语义(包括关联、继承、多态、组合以及 Java 的集合架构)进行持久层开发。Hibernate 提供的 HQL(Hibernate Query Language)是面向对象的查询语言,在对象型数据库和关系型数据库之间构建了一条快速、高效、便捷的沟通渠道,是 DAO 模式的最具代表性的实现。

1. Hibernate O/R 映射

O/R 映射关系是 ORM 框架中最为关键的组成部分。

1) Hibernate 基本数据类型

在进行 Hibernate 实体属性映射关系定义时,需要提供属性的数据类型设定。通过这些类型定义,Hibernate 即可完成 Java 数据类型到数据库特定数据类型的映射关联。

属性配置:<property name = "age" type = "Integer " column = "age" />,将 integer 类型的属性 age 映射到库表字段 age。

integer 是 Hibernate 基本数据类型之一。Hibernate 中提供了丰富的数据类型支持,其中包括传统的 Java 数据类型,如 String、Integer 以及 JDBC 数据类型,如 Clob、Blob 等。Hibernate 基本数据类提供了传统数据库类型与 Java 数据类型之间的连接纽带。

2）实体映射基础

Hibernate 中,实体映射的核心内容即实体类与数据库表之间的映射定义。类表映射主要包括表名-类名映射、主键映射、字段映射 3 部分内容。

例如：有数据表 T_User,如表 4-18 所示。

表 4-18　数据表 T_User

字段	说　明	字段	说　明	字段	说　明
id	int ＜PK＞	name	varchar(50)	age	int

对应 T_User 表的 TUser 类如代码实例 4-54 所示。

代码实例 4-54：

```java
public class TUser implements Serializable {
    private Integer id;  private String name;  private Integer age;
    public TUser() { }                                         //构造函数
    /*  注意：在编写代码时,尽量将 POJO 的 getter/setter 方法设定为 public。如果设定为
private、protected,Hibernate 将无法对属性的存取进行优化,只能转而采用传统的反射机制进行操
作,这将导致大量的性能开销。  */
    public Integer getId() {  return id;  }
    public void setId(Integer id) {  this.id = id;  }
    public String getName() {  return name;  }
    public void setName(String name) {  this.name = name;  }
    public Integer getAge() {  return age;  }
    public void setAge(Integer age) {  this.age = age;  }
}
```

Hibernate 选用 XML 作为类表映射配置媒介(默认为 .hbm.xml 后缀)。

代码实例 4-55：

```xml
<?xml version = "1.0" encoding = "utf - 8"?>
<!DOCTYPE hibernate - mapping PUBLIC " - //Hibernate/Hibernate Mapping DTD 3.0//EN"
    "http://hibernate.sourceforge.net/hibernate - mapping - 3.0.dtd">
<hibernate - mapping>
    <class name = "com.itec.db.TUser" table = "T_User">
        <id name = "id" type = "java.lang.Integer">
            <column name = "id" />
            <generator class = "native" />
        </id>
        <property name = "name" type = "java.lang.String">
            <column name = "name" length = "45" not - null = "true" />
        </property>
        <property name = "age" type = " java.lang.Integer">
            <column name = "age" />
        </property>
    </class>
</hibernate - mapping>
```

代码实例 4-54 的几点说明：

(1) ＜hibernate-mapping＞节点是配置文件的根节点，可以用于配置一些通用设定。

(2) 类/表映射配置：class name＝"com.itec.db.TUser" table＝"T_User"＞ Name 参数指定了映射类名为 com.itec.db.TUser，Table 参数指定了当前类对应数据库表 T_User。通过配置，Hibernate 可获知类与表的映射关系，即每个 TUser 对象对应 T_User 表中的一条记录。

(3) id 映射配置

```
< ID name = "id" type = "java.lang.Integer">
    < column name = "id" />
    < generator class = "native" />
</ID>
```

id 节点定义了实体类的标识，即对应库表主键的类属性，在代码实例 4-54 中表示：

(1) name="id"——指定当前映射类中的属性 id 对应了 T_User 表中的主键字段。

(2) column="id"——指定当前映射表 T_User 的唯一标识（主键）为 id 字段，id 字段是一个自增长字段，可以唯一标识一条记录。

(3) type = "java.lang.Integer"——指定当前字段的数据类型。

(4) ＜generator class = "native" /＞——指定主键生成方式。对于不同的数据库和应用逻辑，主键生成方式往往不同，有时依赖数据库的自增字段生成主键，而有时主键由应用逻辑生成。

3) 属性/字段映射配置

属性/字段映射将映射类属性与库表字段相关联，典型情况下包含 POJO 的属性名、数据库/表字段名和数据类型。

代码实例 4-56：

```
< property name = "name" type = "java.lang.String">
    < column name = "name" length = "45" not - null = "true" />
</property>
```

代码实例 4-56 的几点说明：

(1) name = "name"——指定了映射类中的属性名为"name"，此属性将被映射到指定的库表字段。

(2) ＜column name = "name" … /＞——指定了库表中对应映射类属性的字段名。

(3) type = "java.lang.String"——指定了映射字段的数据类型。

这样就将 TUser 类的 name 属性与库表 T_User 的 name 字段相关联，Hibernate 将把从 T_User 表中 name 字段读取的数据作为 TUser 类的 name 属性值。同样，在进行数据保存操作时，Hibernate 也将把 TUser 的 name 属性写入 T_User 表的 name 字段中。

2. 数据关联

1) 唯一外键关联

某权限管理系统中，每个用户都从属于一个用户组。如用户 Erica 从属于 System

Admin 组。用户表 T_User 中包含一个 group_id 字段,此字段与 T_Group 表的 id 字段相关联。这就是一个典型的"唯一外键关联",如图 4-53 所示。

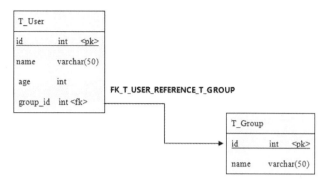

图 4-53 唯一外键关联示例图

Hibernate 中的唯一外键关联由 many-to-one 节点定义。实际上,唯一外键关联的一对一关系只是多对一关系的一个特例而已。

代码实例 4-57:

```xml
<?xml version = "1.0" encoding = "utf - 8"?>
<!DOCTYPE hibernate - mapping PUBLIC " - //Hibernate/Hibernate Mapping DTD 3.0//EN"
    "http://hibernate.sourceforge.net/hibernate - mapping - 3.0.dtd">
<hibernate - mapping>
    <class name = "com.itec.db.TUser" table = "T_User">
        <id name = "id" type = "java.lang.Integer">
            <column name = "id" />
            <generator class = "native" />
        </id>
        <property name = "name" type = "java.lang.String">
            <column name = "name" length = "45" not - null = "true" />
        </property>
        <property name = "age" type = "java.lang.Integer">
            <column name = "age" />
        </property>
        <many - to - one name = "group" class = "com.itec.db.TGroup">
            <column name = "group_id" not - null = "true" />
        </many - to - one>
    </class>
</hibernate - mapping>
```

2)一对多关联

例如每个用户(TUser)都关联到多个地址(TAddress),如一个用户可能拥有办公室地址、家庭地址等多个地址属性。在 ER 关系中,表现为 T_Address 到 T_User 的"多对一"关联。"一对多"关联的示例如图 4-54 所示。

主控方(TUser)需要在 Tuser.hbm.xml 进行映射配置,如代码实例 4-58 所示。

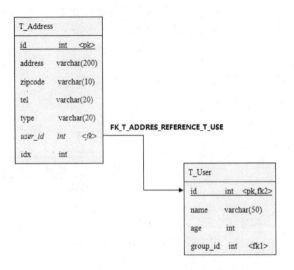

图 4-54 "一对多"关联示例图

代码实例 4-58：Tuser. hbm. xml。

```xml
<?xml version = "1.0" encoding = "utf - 8"?>
<! DOCTYPE hibernate - mapping PUBLIC " - //Hibernate/Hibernate Mapping DTD 3.0//EN"
    "http://hibernate.sourceforge.net/hibernate - mapping - 3.0.dtd">
< hibernate - mapping >
    < class name = "com. itec. db. TUser" table = "T_User" dynamic - update = "true"
        dynamic - insert = "true">
        ……
        < set name = "addresses" table = "t_address" cascade = "all" order - by = "zipcode asc">
            < key column = "user_id"/>
            < one - to - many class = "com. itec. db. TAddress"/>
        </set >
        ……
    </class >
</hibernate - mapping >
```

被动方(TAddress)的记录由 Hibernate 负责读取,之后存放在主控方(TUser)指定的 Collection 类型属性中。

4.4.3 HQL 实用技术

HQL(Hibernate Query Language)提供了灵活的特性、强大的数据查询能力,在 Hibernate 官方开发手册中将 HQL 作为推荐的查询模式。HQL 提供接近传统 SQL 语句的查询语法。

基本语法：

[select/update/delete…][from…][where…][group by…][having…] [order by…]

1. 实体查询

代码实例 4-59：

```
String hql = "from TUser ";
Qurey qurey = session.createQuery(hql);
List userList = query.list();
```

代码实例 4-59 的"hql ="from TUser""语句将取出 TUser 的所有对应记录,对应 SQL 为 select * from T_User。注意：HQL 子句本身大小写无关,但是其中出现的类名和属性名必须注意大小写区分。Hibernate 中查询的目标实体存在继承关系的判定,如"from TUser"将返回所有 TUser 以及 TUser 子类的记录。假设系统中存在 TUser 的 TSystAdmin 和 TSysOperator 两个子类,那么"from TUser"返回的记录将包含这两个子类的所有数据,即使 TSysAdmin 和 TSysOperator 分别对应了不同的库表。

代码实例 4-60：取出名为 Erica 的用户的记录。

```
String hql = "from TUser as user where user.name = 'Erica'";
Qurey qurey = session.createQuery(hql);
List userList = query.list();
```

代码实例 4-60 中引入 as 子句为类创建一个别名,引入 where 子句指定限定条件。在 where 子句中,可以通过比较操作符指定甄选条件,比较符如 =、<>、<、>、>=、<=、between、not between、in、not in、is、like 等。

代码实例 4-61：

```
from TUser as user where user.age > 20
from TUser as user where user.age between 20 and 30
from TUser as user where user.age in (18,28)
from TUser as user where user.name is null
from TUser as user where user.name like 'Er%'
```

对于用于字符串比较的 like 操作符而言,like'Er%'表示选择所有以 Er 开头的字符串,like'%Er'表示选择所有以 Er 结尾的字符串,而 like '%Er%'则表示选择包含 Er 的字符串,而无论 Er 出现的位置。

在 where 子句中可以使用算术表达式,如 from TUser as user where (user.age % 2 = 1),语句将返回所有年龄为奇数的用户记录。也可以通过 and、or 等逻辑连接符组合各个逻辑表达式,如

```
from TUser as user where (user.age > 20) and (user.name like 'Er%')
```

2. 属性查询

有时并不需要获取完整的实体对象,如在一个下拉列表框中显示用户名。此时需要的数据可能仅仅是实体对象的某个属性(如表中某个字段)。

代码实例 4-62：

```
List list = session.createQuery(" select user.name from TUser user ").list();
Iterator it = list.iterator();
while(it.hasNext()) {
    System.out.println(it.next);                              //每个条目都是一个 String 类型数据
}
```

代码实例 4-62 的 HQL 语句中，指定 TUser 对象的 name 属性可返回的 list 数据结构中每个条目都是一个 String 的 name 数据。

代码实例 4-63：通过 HQL 语句一次性获取多个属性。

```
String hql = "select user.name, user.age from TUser as user ";
List list = session.createQuery(hql).list();
while(it.hasNext()) {
    Object[] results = (Object[])it.next();
    System.out.println(results[0]);
    System.out.println(results[1]);
}
```

代码实例 4-63 的 HQL 查询需要读取 name 和 age 属性的内容，此时返回的 list 数据结构中每个条目都是一个对象数组（Object[]），其中依次包含了所获取的属性数据。

代码实例 4-64：在 HQL 中动态构造对象实例。

```
String hql = " select new TUser(user.name, user.age) from TUser as user ";
List list = session.createQuery(hql).list();
Iterator it = list.iterator();
while(it.hasNext()) {
    TUser user = (TUser)it.next();
    System.out.println(user.getName());
}
```

通过在 HQL 中动态构造对象实例实现对查询结果的对象化封装，此时在查询结果中的 TUser 对象仅是一个普通的 Java 对象，仅用于对查询结果的封装，除了在构造时赋予的属性值之外，其他属性均为未付值状态（例如，TUser.id 属性未在动态构建时赋值，此时为 Null），这就意味着无法通过 Session 对此对象进行更新。

代码实例 4-65：在 HQL 的 Select 子句中使用统计函数。

```
String hql = " select count( * ), min(user.age) from TUser as user ";
List list = session.createQuery(hql).list();
Iterator it = list.iterator();
while(it.hasNext()) {
    Object[] results = (Object[])it.next();
    System.out.println("count:" + results[0]);
    System.out.println("min:" + results[1]);
}
```

3. 分组与排序

HQL 通过 order by 子句实现对查询结果的排序,如 from TUser as user order by user.name,默认情况下为顺序排序。也可以指定排序策略,如 from TUser as user order by user.name desc,或指定多个排序条件,如 from TUser as user order by user.name,user. age desc。

HQL 通过 group by 子句可以进行分组统计。

代码实例 4-66:使用 group by 子句统计同龄用户。

```
String hql = " select count(user), user.age from TUser as user group by user.age ";
List list = session.createQuery(hql).list();
Iterator it = list.iterator();
while(it.hasNext()) {
    Object[] results = (Object[])it.next();
    System.out.println(" There are " + results[0] + " user's age is " + results[1]);
}
```

对于使用 group by 子句获得的结果集,如何从中挑选出感兴趣的数据呢? 例如,在代码实例 4-67 中统计同龄用户,获得每个年龄层次中的用户数量,想获得超过 10 个人的年龄组可以使用 having 子句。

代码实例 4-67:

```
String hql = "select count(user), user.age from TUser as user group by user.age having count
(user) > 10";
List list = session.createQuery(hql).list();
Iterator it = list.iterator();
while(it.hasNext()) {
    Object[] results = (Object[])it.next();
    System.out.println( "There are " + results[0] + "user's age is" + results[1]);
}
```

4. 参数绑定

SQL Injection(SQL 注入式攻击)是常见的系统攻击手段,这种攻击方式的目标即针对由 SQL 字符串拼装造成的漏洞,例如有 SQL 语句:

"from TUser user where user.name = '" + username + " ' and user.password = '" + password + "'"

此语句从逻辑上讲没有错误,它根据用户名及密码来验证用户是否合法。假如变量 username 和 password 是来自网页文本框的输入,尝试将 username 的内容设定为"'Erica' or 'x'='x'",密码为任意值,则被拼接以后的 SQL 语句变为:

```
" from TUser user where user.name = 'Erica' or 'x' = 'x' and user.password = ' ***** ' "
```

显然,由于用户名中的"or 'x' = 'x'"被添加进 HQL 作为一个子句执行,只要系统中存在姓名为 Erica 的用户,where 逻辑必定为真,而密码是否正确则无关紧要。这就是 SQL Injection 攻击的基本原理,由字符串拼接而成的 HQL 是安全漏洞的源头。参数的动态绑定机制则可以妥善解决 SQL 注入式攻击问题,即通过顺序占位符"?"对参数进行标识,并在之后对参数内容进行填充。

代码实例 4-68：

```
Query query = session.createQuery( "from TUser user where user.name = ? and user.age >?" );
query.setString(0, 'Erica');
query.setInteger(1, 20);
```

此外,Hibernate 还支持引用占位符。

代码实例 4-69：

```
String hql = " from TUser user where name = :name ";
Query query = session.createQuery(hql);
query.setString("name", "Erica" );
```

在代码实例 4-69 中,":name"即引用占位符,它标识了一个名为 name 的查询参数,通过 session.createQuery 方法构建 Query 实例后,可根据此参数进行参数填充。

也可以使用 JavaBean 封装查询参数。

代码实例 4-70：

```
Class UserParam{
    private String name;
    private Integer age;
    ……                                          //getter and setter
}
String hql = "from TUser where name = :name and age >:age"; //实际查询代码
Query query = session.createQuery(hql);
UserParam up = new UserParam();
up.setName('Erica');
up.setAge(new Integer(20));
query.setProperties(up);
……
```

参数绑定机制可以使查询语法与具体参数数值相互独立。对于参数不同、查询语法相同的操作,数据库可以实施性能优化策略。同时,参数绑定机制也杜绝了参数值对查询语法本身的影响,这也就避免了 SQL 注入(SQL Injection)的可能。

4.4.4 直接 SQL 查询

HQL 作为 Hibernate 的查询语言,提供了 ANSI SQL 面向对象的封装形式,同时,也提供了丰富和强大的数据检查功能。不过,由于 SQL 语法本身的复杂性,以及各种数据库原生功能的多样性。HQL 并不能涵盖所有查询特性,有时需要借助原生 SQL 以达到期望目标。

作为 HQL 的有益补充,Hibernate 也提供了对原生 SQL 的支持,相对于基于 JDBC 的 SQL 操作,Hibernate 提供了更为妥善的封装。在 JDBC 操作中必须面对琐碎的 Result 操作,而在 Hibernate SQL 查询接口中只需指定别名,而 Resultset 与实体的映射将由 Hibernate 自动完成。

例如语句" select * from T_User where name = 'Erica' "从 T_User 表中返回了姓名为 Erica 的用户记录。在 Hibernate 中调用该语句则如代码实例 4-71 所示。

代码实例 4-71:

```
String sql = " select u. id as {user. id}, u. name as {user. name} from T_User user ";
List list = session. createSQLQuery(sql, "user", TUser. class). list();
```

代码实例 4-71 中 SQL 片段"select u. id as {user. id}"的 u 是 SQL 中 T_User 表的别名,而 user 是指定的实体对象别名。在语句 session. createSQLQuery(sql, "user", TUser. class),Hibernate 会根据在 SQL 中的别名配置,将返回的 Resultset 映射到对应的实体对象实例返回。

代码实例 4-72:在一次 SQL 执行过程中,对多个实体对象同时进行操作。

```
String sql = " select {user. * }, {addr. * } from T_User user
            inner join T_Address addr on user. id = addr. user_id ";
List list = session. createSQLQuery(
    sql, new String[] {"user", "addr"}, new Class[] {TUser. class, TAddress. clsss}
). list();
```

4.4.5 MyEclipse 配置方法

(1) 在项目中新建"包",如 com. itec. db。

(2) 打开开发环境 MyEclipse Database Explorer,如图 4-55 所示。

(3) 在 DB Browser 内右击,在弹出的快捷菜单中选择 New 命令,如图 4-56 所示。

(4) 弹出 Database Driver 对话框中,在

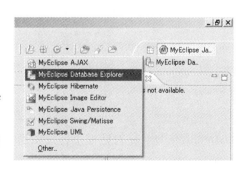

图 4-55 MyEclipse 配置方法步骤(2)

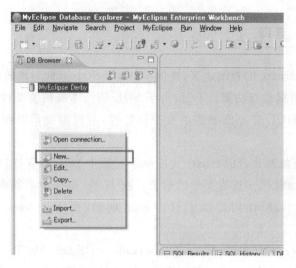

图 4-56　MyEclipse 配置方法步骤(3)

Driver template 下拉列表框中选择 MySQL Connector/J 选项,并填写参数,如图 4-57 所示。

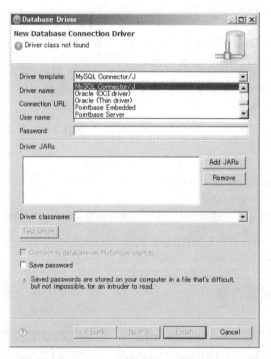

图 4-57　MyEclipse 配置方法步骤(4)

Database Driver 对话框中各选项的含义如表 4-19 所示。

表 4-19　"Database Driver"对话框中各选项的含义

选　　项	说　　明
DriverName	遵守命名规则起名
Connection URL	jdbc:mysql://127.0.0.1:3306/数据库名称
Name	数据库连接名,例如,root
Password	数据库连接密码,例如,root
Driver JARS	单击 Add JARs 按钮后在文件浏览窗口内选择 MySql 驱动所在的文件夹（一个 .jar 文件）
Driver classname	当 Driver JARS 选择成功后将会自动填充
Save password	是否保存数据库连接的密码,建议选中

（5）填写完参数后,单击 Next 按钮进入下一参数选择框,该对话框无须做任何修改,直接单击 Finish 按钮,如图 4-58 所示。

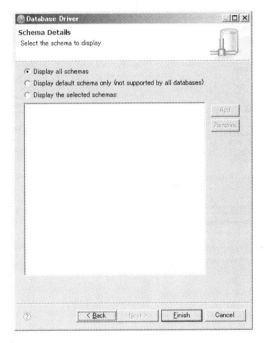

图 4-58　MyEclipse 配置方法步骤(5)

（6）如果数据库服务已经启动,则出现如图 4-59 所示的结果。

（7）切换到 MyEclipse Java Enterprise 视图,在建立好的 Struts 项目上添加 Hibernate 插件,如图 4-60 所示。

（8）填写相应的参数,单击 Next 按钮,先后进入如图 4-61 和图 4-62 所示的对话框。

（9）单击 Next 按钮后进入下一配置页面,该页面主要配置 Hibernate 与数据库之间的联系,如图 4-63 所示。

其中 DB Driver 是通过 Database Explorer 创建的连接,其余参数将随之被自动填充。

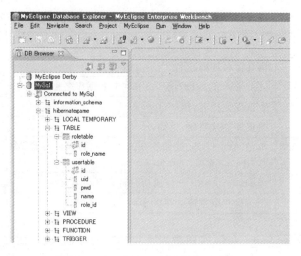

图 4-59　MyEclipse 配置方法步骤(6)

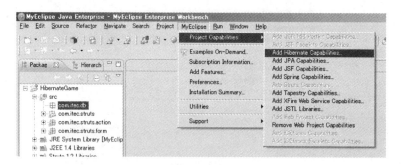

图 4-60　MyEclipse 配置方法步骤(7)

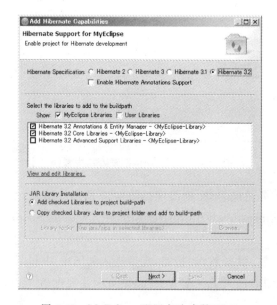

图 4-61　MyEclipse 配置方法步骤(8)-1

图 4-62　MyEclipse 配置方法步骤(8)-2

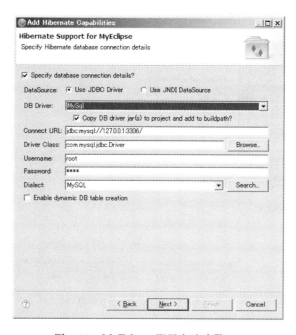

图 4-63　MyEclipse 配置方法步骤(9)

（10）单击 Next 按钮后进入下一配置页面，该页面主要配置系统生成的对应 Java 文件存放位置，如图 4-64 所示。

（11）单击 Finish 按钮后，自动生成器生成的文档结构，如图 4-65 所示。

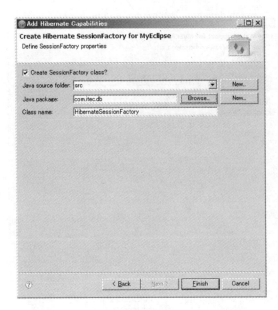

图 4-64　MyEclipse 配置方法步骤(10)

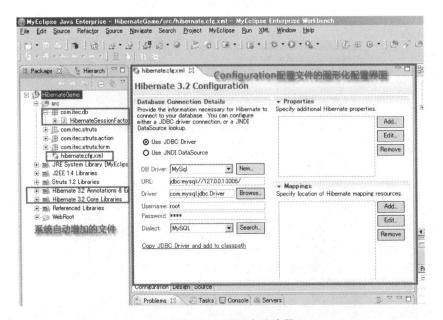

图 4-65　MyEclipse 配置方法步骤(11)

4.4.6　建立简单的 Hibernate 应用

1. 建立数据库表

表 UserTable 数据字典,如表 4-20 所示。

表 4-20　表 UserTable 数据字典

字段名	类型	主键	是否为空	说　明
id	int	Y	Y	表的主键
uid	varchar	N	Y	用户名
pwd	varchar	N	Y	密码
name	varchar	N	Y	显示名称
role_id	int	N	Y	与 RoleTable 表外键关联

表 RoleTable 数据字典,如表 4-21 所示。

表 4-21　表 RoleTable 数据字典

字段名	类型	主键	是否为空	说　明
id	int	Y	Y	表的主键
rolename	varchar	N	Y	权限名称

2. MyEclipse 中 Hibernate 的使用过程

(1) 添加 Hibernate 插件后,转至 MyEclipse Database Explorer 环境。

(2) 在 DB View 视图中选择 usertable 表,右击,在弹出的快捷菜单中选择 Hibernate Reverse Engineering 选项,如图 4-66 所示。

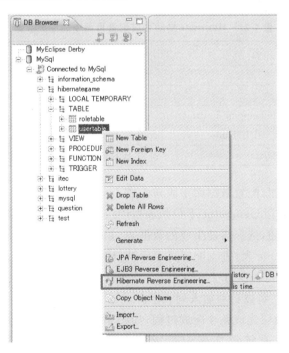

图 4-66　MyEclipse 中 Hibernate 的使用过程(2)

(3) 进入 Hibernate 自动生成配置页面,如图 4-67 所示。

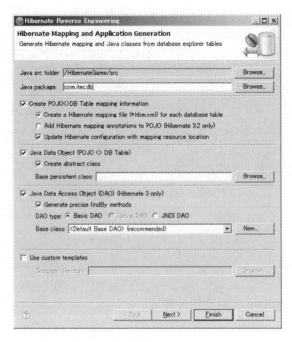

图 4-67 MyEclipse 中 Hibernate 的使用过程(3)

Hibernate 自动生成配置页面中的主要参数如表 4-22 所示。

表 4-22 Hibernate 自动生成配置页面中的主要参数

字 段 名	类 型
Java src folder	选择代码生成后归属的项目
Java package	选择生成代码的放置类包
Create POJO<>DB Table mapping information	生成对应信息,保持选择状态
Java Data Object(POJO <>DB Table)	生成数据库对应表格的 JavaBean 类,保持选择状态
Java Data Access Object(DAO)	生成对应的 DAO 类,保持选择状态

(4) 单击 Next 按钮,配置数据库字段与生成 JavaBean 之间的类型对应关系,以及表的主键生成规范,一般在 Id Generator 下拉列表框中选择 native 选项,如图 4-68 所示。

(5) 单击 Next 按钮,选择需要生成的数据表,如图 4-69 所示。

开始时选择 usertable 表,进入配置页面后就仅有 usertable 的相关信息,在选中复选框 Include referenced table(A->B)后,系统会自动查找与该数据表有关(外键关系)的其他数据表格,如 roletable 表,将被自动加入列表中。

(6) 单击 Finish 按钮完成整个配置过程,如图 4-70 所示。

配置成功后,会在系统源文件中生成相对应的源文件,数据库对应 JavaBean 为 AbstractUsertable. java、Usertable. java、AbstractRoletabe. java 和 Roletable. java;DAO 模式对应类为 UsertableDAO. java 和 RoletableDAO. java;数据库表配置文件为 Roletable. hbm. xml 和 Usertable. hbm. xml。

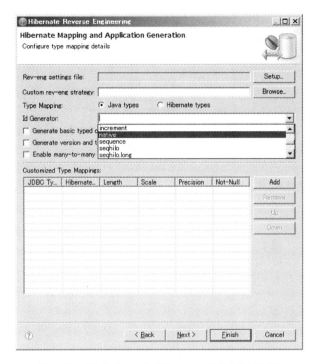

图 4-68　MyEclipse 中 Hibernate 的使用过程(4)

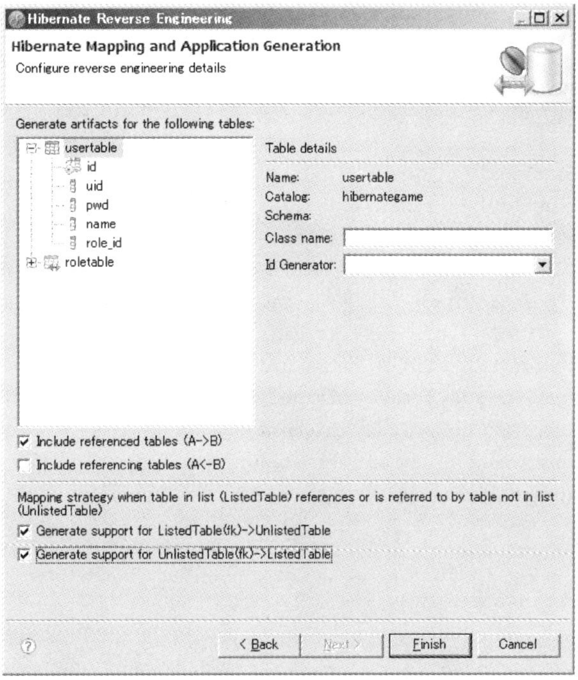

图 4-69　MyEclipse 中 Hibernate 的使用过程(5)

图 4-70　MyEclipse 中 Hibernate 的使用过程(6)

代码实例 4-73：AbstractUsertable. java。

```
package com. itec. db;
/**    AbstractUsertable entity provides the base persistence definition of the Usertable
entity.
 * @author MyEclipse Persistence Tools */
public abstract class AbstractUsertable implements java. io. Serializable {          // Fields
    private Integer id;  private Roletable roletable;  private String uid;
    private String pwd;  private String name;
    public AbstractUsertable() {   }                                        // Constructors
    public AbstractUsertable(Roletable roletable, String uid, String pwd, String name) {
        this. roletable = roletable;  this. uid = uid;  this. pwd = pwd;  this. name = name;
    }
    // Property accessors
    public Integer getId() {   return this. id;   }
    public void setId(Integer id) {   this. id = id;   }
    public Roletable getRoletable() {   return this. roletable;   }
    public void setRoletable(Roletable roletable) {   this. roletable = roletable;   }
    public String getUid() {   return this. uid;   }
    public void setUid(String uid) {   this. uid = uid;   }
    public String getPwd() {   return this. pwd;   }
    public void setPwd(String pwd) {   this. pwd = pwd;   }
    public String getName() {   return this. name;   }
    public void setName(String name) {   this. name = name;   }
}
```

代码实例 4-74：Usertable. java。

```
package com. itec. db;
/**   Usertable entity. @author MyEclipse Persistence Tools   */
public class Usertable extends AbstractUsertable implements java. io. Serializable {
```

```
    public Usertable() {  }                                              // Constructors
    /** full constructor */
    public Usertable(Roletable roletable, String uid, String pwd, String name) {
        super(roletable, uid, pwd, name);
    }
}
```

代码实例 4-75：UsertableDAO.java。

```
package com.itec.db;
import java.util.List;  import org.apache.commons.logging.Log;
import org.apache.commons.logging.LogFactory;  import org.hibernate.LockMode;
import org.hibernate.Query;  import org.hibernate.criterion.Example;
/** A data access object (DAO) providing persistence and search support for Usertable
entities. * Transaction control of the save(), update() and delete() operations can directly
support Spring * container-managed transactions or they can be augmented to handle user-
managed Spring  * transactions. Each of these methods provides additional information for how
to configure it for * the desired type of transaction control.
 * @see com.itec.db.Usertable
 * @author MyEclipse Persistence Tools
 */
public class UsertableDAO extends BaseHibernateDAO {
    private static final Log log = LogFactory.getLog(UsertableDAO.class);
    // property constants
    public static final String UID = "uid";
    public static final String PWD = "pwd";
    public static final String NAME = "name";
    public void save(Usertable transientInstance) {
    log.debug("saving Usertable instance");
    try {
        getSession().save(transientInstance);
        log.debug("save successful");
    } catch (RuntimeException re) {
        log.error("save failed", re);
        throw re;
    }
}
public void delete(Usertable persistentInstance) {
    log.debug("deleting Usertable instance");
    try {
        getSession().delete(persistentInstance);
        log.debug("delete successful");
    } catch (RuntimeException re) {
        log.error("delete failed", re);
        throw re;
    }
}
public Usertable findById(java.lang.Integer id) {
```

```
        log.debug("getting Usertable instance with id: " + id);
        try {
            Usertable instance = (Usertable) getSession().get("com.itec.db.Usertable", id);
            return instance;
        } catch (RuntimeException re) {
            log.error("get failed", re);
            throw re;
        }
    }
    public List findByExample(Usertable instance) {
        log.debug("finding Usertable instance by example");
        try {
            List results = getSession().createCriteria("com.itec.db.Usertable")
                                    .add(Example.create(instance)).list();
            log.debug("find by example successful, result size: " + results.size());
            return results;
        } catch (RuntimeException re) {
            log.error("find by example failed", re);
            throw re;
        }
    }
    public List findByProperty(String propertyName, Object value) {
        log.debug("findingUsertableInstanceWithProperty:" + propertyName + ",value:" + value);
        try {
            String queryString = "fromUsertableAsModelWhereModel" + propertyName + " = ?";
            Query queryObject = getSession().createQuery(queryString);
            queryObject.setParameter(0, value);
            return queryObject.list();
        } catch (RuntimeException re) {
            log.error("find by property name failed", re);
            throw re;
        }
    }
    public List findByUid(Object uid) {   return findByProperty(UID, uid);   }
    public List findByPwd(Object pwd) {   return findByProperty(PWD, pwd);   }
    public List findByName(Object name) {   return findByProperty(NAME, name);   }
    public List findAll() {
        log.debug("finding all Usertable instances");
        try {
            String queryString = "from Usertable";
            Query queryObject = getSession().createQuery(queryString);
            return queryObject.list();
        } catch (RuntimeException re) {
            log.error("find all failed", re);
            throw re;
        }
    }
```

```
public Usertable merge(Usertable detachedInstance) {
    log.debug("merging Usertable instance");
    try {
        Usertable result = (Usertable) getSession().merge(detachedInstance);
        log.debug("merge successful");
        return result;
    } catch (RuntimeException re) {
        log.error("merge failed", re);
        throw re;
    }
}
public void attachDirty(Usertable instance) {
    log.debug("attaching dirty Usertable instance");
    try {
        getSession().saveOrUpdate(instance);
        log.debug("attach successful");
    } catch (RuntimeException re) {
        log.error("attach failed", re);
        throw re;
    }
}
public void attachClean(Usertable instance) {
    log.debug("attaching clean Usertable instance");
    try {
        getSession().lock(instance, LockMode.NONE);
        log.debug("attach successful");
    } catch (RuntimeException re) {
        log.error("attach failed", re);
        throw re;
    }
}
}
```

3. MyEclipse 生成 CLASS 的结构意义及作用

AbstractUsertable 类作为 Usertable 类的基类实现了具体内容,虽然是 abstract 类,但其内部已经完全实现了所有功能,Usertable 类在继承该类后仅需要根据不同情况调用父类的构造函数即可完成相应的初始化操作,对于使用该类的程序来说 Usertable 是不应该经常发生变化的,所有的变化应在 AbstractUsertable 类中进行修改,实现程序的可扩展性,并降低业务逻辑与数据实例化层之间的耦合度。

UsertableDAO 类作为 DAO 模式的具体实现,按照一定的规则由 MyEclipse 自动生成,其中的函数均是为了能够方便地存取 Usertable 类,并减少实际数据库操作代码的编写,使得开发人员专注于业务逻辑的编写,减少不必要的性能消耗。

DAO 类中的常用方法如表 4-23 所示。

表 4-23　DAO 类中的常用方法

字　段　名	类　　型
List findAll()	获取指定表格的所有记录,相当于执行"SELECT ＊ FROM Xxxxx"
List findByXxxx(String value)	通过字段内容查找数据库中的对应记录,由于字段内容有可能出现重复,因此获取的结果集为 List 类型
[PO 类] findById(Integer id)	通过记录 ID 查找记录,由于记录 ID 能够唯一标识一条记录,因此该方法返回一个独立的对象实例
void save([PO 类])	保存某个新建的对象,该对象相当于生成 INSERT 语句
void attachDirty([PO 类])	保存或更新某个对象,若该对象是通过 new 命令新建,相当于生成 INSERT 语句,若该对象是通过其他方式查找出的结果,则相当于生成 UPDATE 语句
void delete([PO 类])	删除某个对象,该方法的执行相当于生成 DELETE 语句
Session getSession()	此 Session 为每一个 Hibernate 框架在运行时对于每个访问数据库所建立的会话,与 HttpSession 没有任何关系,使用该 Session 可以获取该线程的事务处理对象,进行数据的新建、更新以及删除操作前必须获得该 Session

代码实例 4-76：进行用户新建与查找、信息更新、验证用户名和密码。

```
package com.itec;
import com.itec.db.Usertable;
import com.itec.db.UsertableDAO;
public class UserLoginTest {
    public static void main(String[] args) {
        Usertable usertable = new Usertable();
        UsertableDAO usertableDAO = new UsertableDAO();
        /**  通过用户名查找相应的数据库记录相应的还能通过密码或其他字段对数据库记录
进行查找,当通过字段内容进行查找时查询结果为 List,若通过主键查找则结果为实例对象  * //
        usertable.setName("name");  usertable.setPwd("pwd");
        if(usertableDAO.findByExample(usertable).size() == 0) {
            System.out.println("该用户不存在,或密码错误");
        } else {
            System.out.println("该用户存在");
        }
    }
}
```

代码实例 4-76 的主要工作如下：

（1）建立一个 usertable 对象,并设定该对象的 name 属性和 pwd 属性。

（2）使用该对象为蓝本,使用 usertableDAO 采用 Hibernate 的相应机制在数据库中查找相应的记录。

（3）由于从数据库角度来看有可能存在 name 字段与 pwd 字段相同的情况（在数据库设计初期未将这两个字段设置为联合主键）,因此,查询返回的结果为 List 类型,即,有可能出现多条记录符合该蓝本条件。

（4）通过检查该次查询返回的记录条数（即，返回数据集合的 size 数量）来判定所要查询的用户蓝本是否存在，并根据不同的记录条数反馈信息。

代码实例 4-77：添加用户。

```
package com.itec;
import org.hibernate.Transaction;
import com.itec.db.Usertable;
import com.itec.db.UsertableDAO;
public class AddUser {
    public static void main(String[] args) {
        Usertable usertable = new Usertable();
        UsertableDAO usertableDAO = new UsertableDAO();
        Roletable roletable = new Roletable();
        RoletableDAO roletableDAO = new RoletableDAO();
        /** 由于一个用户的属性中有关于用户权限的设定,且用户权限表与用户表之间具有一
定的联系(外键关联),因此根据 Hibernate 的处理机制,需要为该用户建立一个新的权限,权限对象
需要通过查找的方式在 Roletable 表中获取,并当作一个属性赋值给新用户对象,用这种方式建立两
者之间的联系 */
        usertable.setName("newuser");
        usertable.setPwd("newpwd");
        roletable = (Roletable)roletableDAO.findByRoleName("admin").get(0);
        usertable.setRoletable(roletable);
        /** 由于 MySQL 数据库启用了事务管理机制,因此对于数据库的任何修改均需要通过事
务处理的方式进行,例如在下列程序中,在进行实际的存储前,先要启动事务 beginTransaction(),并
在实际操作完成后进行事务提交 commit() */
        Transaction transaction = usertableDAO.getSession().beginTransaction();
        usertableDAO.save(usertable);
        transaction.commit();
    }
}
```

代码实例 4-77 的主要工作如下：

（1）建立新的用户对象以及将要为该用户分配权限的新对象。

（2）为用户赋值，设定用户名及密码等相关信息。

（3）将用户权限对象赋值给用户对象。

（4）创建事务，并启动事务。

（5）调用 Hibernate 的方法向数据库插入该用户。

（6）提交事务，数据库执行实际的插入操作。

代码实例 4-78：更新用户信息。

```
package com.itec;
import org.hibernate.Transaction;   import com.itec.db.Usertable;
import com.itec.db.UsertableDAO;
public class editUser {
```

```
    public static void main(String[] args) {
        Usertable usertable = new Usertable();
        UsertableDAO usertableDAO = new UsertableDAO();
        usertable = usertableDAO.findById(new Integer(1));
        usertable.setName("updateName");
        usertable.setPwd("updatePwd");
        Transaction transaction = usertableDAO.getSession().beginTransaction();
        usertableDAO.attachDirty(usertable);
        transaction.commit();
    }
}
```

代码实例 4-78 的主要工作如下：

（1）通过 ID 关键字获取查找到的指定的记录，并获取该条记录的对象。

（2）修改指定的属性为新值。

（3）创建事务，并启动事务。

（4）调用 Hibernate 的 attachDirty 方法对该条记录进行更新操作。

（5）提交事务，数据库执行实际的更新操作。

4.4.7　Hibernate 开发接口

Hibernate 是一个开放源代码的对象关系映射框架，它对 JDBC 进行了轻量级的对象封装，使得 Java 程序员可以随心所欲地使用对象编程思维来操纵数据库。Hibernate 可以应用在任何使用 JDBC 的场合，既可以在 Java 的客户端程序使用，也可以在 Servlet/JSP 的 Web 应用中使用，最具革命意义的是 Hibernate 可以在应用 EJB 的 J2EE 架构中取代 CMP，完成数据持久化的重任。

Hibernate 的核心接口如图 4-71 所示。

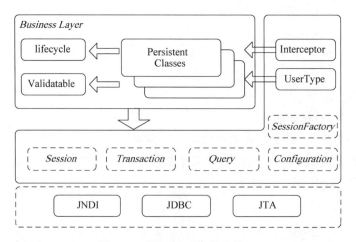

图 4-71　Hibernate 的核心接口

Hibernate 的核心接口有 5 个：Session、SessionFactory、Transaction、Query 和 Configuration，这 5 个核心接口在任何开发中都会用到。通过这些接口，可以对持久化对象进行存取和事务控制。

1. Session 接口

Session 接口负责执行被持久化对象的 CRUD 操作（CRUD 的任务是完成与数据库的交流，包含了很多常见的 SQL 语句）。需要注意，Session 对象是非线程安全的。同时 Hibernate 的 session 不同于 JSP 应用中的 HttpSession，HttpSesion 对象称为用户 session。

2. SessionFactory 接口

SessionFactroy 接口负责初始化 Hibernate，它充当数据存储源的代理，并负责创建 Session 对象，这里用到了工厂模式。需要注意：SessionFactory 并不是轻量级的。因为一般情况下，一个项目通常只需要一个 SessionFactory，当需要操作多个数据库时，可以为每个数据库指定一个 SessionFactory。

3. Configuration 接口

Configuration 接口负责配置并启动 Hibernate，创建 SessionFactory 对象。在 Hibernate 的启动的过程中，Configuration 类的实例首先定位映射文档位置、读取配置，然后创建 SessionFactory 对象。

4. Transaction 接口

Transaction 接口负责事务相关的操作，它是可选的。开发人员可以设计编写自己的底层事务处理代码。

5. Query 和 Criteria 接口

Query 和 Criteria 接口负责执行各种数据库查询，它可以使用 HQL 语言或 SQL 语句两种表达方式。

4.4.8 Hibernate 实体对象状态及生命周期

不同的 ORM 解决方案使用不同的术语，并给持久化生命周期定义不同的状态和状态转变，内部使用的对象状态可能与那些公开给客户端应用程序的对象状态不同。Hibernate 只定义 4 种状态，客户端代码中隐藏了其内部实现的复杂性。Hibernate 定义的对象状态和状态转变如图 4-72 所示。

在 Hibernate 生命周期，对象可以从瞬时对象转变为持久化对象再到托管对象。

1. 瞬时状态（Transient）

利用 new 操作符实例化的对象并不立即就是持久化的，它们的状态是瞬时状态实例

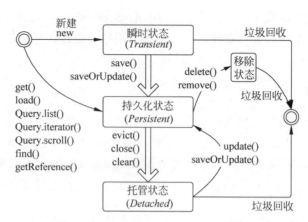

图 4-72　Hibernate 定义的对象状态和状态转变

(Transient)，意味着它们不与任何数据库表进行关联，因此一旦不再被其他的对象引用时，其状态立即丢失。这些对象有寿命，那时会有效地终止，并且变成不可访问，等待垃圾回收。Hibernate 认为所有的瞬时实例都要变成非事务的，持久化上下文不知道瞬时实例的任何修改，这意味着 Hibernate 不给瞬时对象提供任何回滚功能。

2. 持久化状态（Persistent）

持久化状态实例是一个包含数据库统一性的实体实例，持久化且被托管的实例具有设置成为其数据库标识符的主键值（当这个标识符被分配到持久化实例的时候，有一些变化形式）。持久化实例可能是被应用程序实例化对象，然后通过在持久化管理器上调用其中一种方法变成持久化。他们甚至可能是当从另一个已经托管的持久化对象中创建引用时变成持久化的对象。或者，持久化实例也可能是通过执行查询、标志符查找或者开始从另一个持久化实例导航出对象图，从数据库中获取的一个实例。持久化实例始终与持久化上下文（Persistance context）关联。Hibernate 高速缓存它们，并且可以检测到它们是否已经被应用程序修改。

3. 移除状态

可以通过几种方式删除实体实例，如可以用持久化管理器的一个显示操作把它移除。如果移除了所有对它的引用，即它可能也会变成可以删除的瞬时对象了。如果一个对象已经被计划在一个工作单元结束时删除，它就是处于移除状态，但仍然由持久化上下文托管，直到工作单元完成。换句话说，移除对象不应该被重用，因为一旦工作单元完成任务，就将立即从数据库中被删除。用户也应该放弃在应用程序中保存任何对它的引用。

4. 托管状态（Detached）

要理解托管对象，需要考虑实例的一种典型的转变：实例先是瞬时的，因为刚刚在应用程序中创建。现在通过在持久化管理器中调用一个操作使它变成持久化。所有这些都发生在单个工作单元中，并且这个工作单元的持久化上下文在某个时间点（当产生一个 SQL 的

INSERT 时)与数据库同步。现在工作完成了,持久化上下文也关闭了。但是应用程序仍然有一个句柄:对被保存的实例的一个引用。只要持久化上下文是活动的,这个实力的状态就是持久化的。在工作单元结束时,持久化上下文关闭。把这些对象当作托管状态,表示它们的状态不再保证与数据库状态同步,不再被附加到持久化上下文中,并仍然包含持久化数据(当然这也可能很快会失效)。

4.4.9　持久化上下文

持久化上下文不是一个可调用的 API。在 Hibernate 应用程序中,假设一个 Session 有一个内部的持久化上下文,一个工作单元中所有处于持久化状态和托管状态的实体都被高速缓存在这个上下文中。持久化上下文的作用体现在:Hibernate 可以进行自动的脏检查和事务迟写;可以用持久化上下文作为一级高速缓存;可以保证Java 对象统一性的范围;可以把持久化上下文扩展到跨整个对话。其中,又以自动脏检查最为重要。

1. 自动的脏检查和事物迟写

持久化实例托管在一个持久化上下文中,它们的状态在工作单元结束时与数据库同步。当一个工作单元结束时,保存在内存中的状态通过 SQL INSERT、UPDATE 和 DELETE 语句(DML)的执行被传播到数据库。这个过程也可能发生在其他时间点。Hibernate 能够准确地侦测哪些属性已经被修改,以便有可能只包括需要在 SQL UPDATE 语句中更新的列。这可能带来一些性能上的收获。但是差别通常不明显,从理论上来说,这在某些环境下会损害性能。

默认情况下,Hibernate 包括 SQL UPDATE 语句中被映射的表的所有列(因而 Hibernate 可以在启动时而不是运行时生成这个基础的 SQL)。如果只更新被修改的列,则可以通过在类映射中设置"dynamic-update＝ "true" "启动动态的 SQL 生成。对新记录的插入实现相同的机制,并且可以调用"dynamic-insert＝ "true" "启用 INSERT 语句的运行时生成。当一张表中有特别多的列(假设超过 50 列)时,建议考虑这种设置,有时候无变化的字段所引起的过载的网络流量也是不容忽视的。

2. Hibernate 锁机制

Hibernate 锁机制包括悲观锁和乐观锁。

1) 悲观锁

Hibernate 悲观锁是指对数据被外界修改持保守态度。假定任何时刻存取数据时,都可能有另一个客户也正在存取同一笔数据,为了保持数据被操作的一致性,于是对数据采取了数据库层次的锁定状态,依靠数据库提供的锁机制来实现。

基于 JDBC 实现的数据库加锁:

```
select * from account where name = "Erica" for update
```

在更新的过程中,数据库处于加锁状态,任何其他的针对本条数据的操作都将被延迟。

本次事务提交后解锁。

基本用法：Hibernate 悲观锁。

```
String sql = "查询语句…";
Query query = session.createQuery(sql);
query.setLockMode("对象", LockModel.UPGRADE);
```

在悲观锁的基本用法中，LockMode.UPGRADE 是利用数据库的 for update 字句加锁。需要注意：只有在查询开始之前（即 Hiernate 生成 SQL 语句之前）加锁，才会真正通过数据库的锁机制加锁处理。否则，数据已经通过不包含 for updata 子句的 sql 语句加载进来，也就无法加锁。

Hibernate 的加锁模式有 3 种：LockMode.NONE，无锁机制；LockMode.WRITE，Hibernate 在 Insert 和 Update 记录的时候会自动获取；LockMode.READ，Hibernate 在读取记录的时候会自动获取。这 3 种加锁模式是供 Hibernate 内部使用的，与数据库加锁无关。

从系统的性能上来考虑，Hibernate 悲观锁对于单机或小系统而言比较理想。但对于网络上的系统，同时会有许多联机，数以百计甚至更多的并发访问出现，会导致资源浪费，这也就导致了乐观锁的产生。

2）乐观锁

乐观锁定（optimistic locking）乐观地认为资料很少发生同时存取的问题，因而不作数据库层次上的锁定，为了维护正确的数据，乐观锁定采用应用程序上的逻辑实现版本控制的方法。

例如有两个客户 A 和 B，客户 A 先读取了账户余额 100 元，之后客户 B 也读取了账户余额 100 元的数据。客户 A 提取 50 元，对数据库作了变更，此时数据库的余额为 50 元。客户 B 也要提取 30 元，根据其所取得的资料，数据库的余额将为 70 余额，若此时再对数据库进行变更，最后的余额就会发生错误。

在不实行悲观锁定策略的情况下，数据不一致的情况一旦发生，要么以先更新的为主，要么以后更新为主。比较复杂的是检查发生变动的数据来实现，或是检查所有属性来实现乐观锁定。Hibernate 推荐通过版本号检查来实现后更新为主，在数据库中加入一个 Version 栏记录，在读取数据时连同版本号一同读取，并在更新数据时递增版本号，然后比对版本号与数据库中的版本号，如果大于数据库中的版本号则予以更新，否则就回报错误。

再说客户 A 和 B 例子，客户 A 读取账户余额 1000 元，并连带读取版本号为 5（假设），客户 B 此时也读取账号余额 1000 元，版本号也为 5。客户 A 在领款后账户余额为 500，此时将版本号加 1，变为 6，而数据库中版本号为 5，所以予以更新。更新数据库后，数据库此时余额为 500，版本号为 6，客户 B 领款后要变更数据库，其版本号为 5，但是数据库的版本号为 6，此时不予更新，B 客户数据重新读取数据库中新的数据并重新进行业务流程才变更数据库。

代码实例 4-79：Hibernate 实现版本号控制锁定。

```
public class Account {
    private int version;
    public void setVersion(int version){  this.version = version;  }
    public int getVersion(){  return version;  }
}
```

在映像文件中使用 optimistic-lock 属性设定 version 控制，<id>属性栏之后增加<version>标签。

代码实例 4-80：

```
< hibernate - mapping >
    < class name = "itec.com.Account" talble = "ACCOUNT" optimistic - lock = "version">
        < id...../>
        < version name = "version" column = "VERSION"/>
        ....
    </class >
</hibernate - mapping >
```

在代码实例 4-80 中设定好版本控制之后，如果客户 B 试图更新数据，将会引发 StableObjectStateException 例外，可以捕捉这个例外，在处理中重新读取数据库中的数据，同时将客户 B 目前的数据与数据库中的数据显示出来，让客户 B 比对不一致的数据，以决定要变更的部分；或者可以设计自动读取新的资料，并重复扣款业务流程，直到数据可以更新为止，这一切可以在背景执行，而不用让客户知道。

但是乐观锁也有不能解决的问题存在：乐观锁机制的实现往往基于在系统中实现的数据存储逻辑，来自外部系统的用户余额更新不受系统控制，可能造成非法数据被更新至数据库。因此一定要注意可能的非法数据更新问题，采用比较合理的逻辑验证，避免数据执行错误。也可以在使用 Session 的 load()或是 lock()时指定锁定模式以进行锁定。如果数据库不支持所指定的锁定模式，Hibernate 会选择一个合适的锁定替换，而不是抛出一个例外。

4.4.10　Hibernate 回调和拦截机制

在某些情况下，需要对实体的 CURD（增删改查）操作进行捕获并执行一些操作，这可以通过数据库触发器来实现。但是由于触发器的执行对 Hibernate Session 是透明的，会带来很多问题。为此 Hibernate 提供了专门用于捕获监听实体 CURD 操作的接口，通过这些接口可以实现类似触发器的功能，能够在实体发生 CURD 操作时捕获事件，并且执行相应的动作逻辑。在 Hibernate 中这些接口是 Lifecycle、Validatable 和 Interceptor。

1. Lifecycle 与 Validatable

代码实例 4-81：在 Hibernate 中定义 Lifecycle 接口。

```
public interface Lifecycle {                    //在实体对象执行 save/insert 操作之前触发
    public boolean onSave(Session session) throws CallbackException;
                                                //在 session.update()执行之前触发
    public boolean onUpdate(Session session) throws CallbackException;
                                                //在实体对象执行 delete 操作之前触发
    public boolean onDelete(Session session) throws CallbackException;
                                                //在实体对象加载之后触发
    public void onLoad(Session session) throws CallbackException;
}
```

实体对象可以实现 Lifecycle 接口，来获得在持久化阶段捕获 CURD 事件，并执行相应动作。

代码实例 4-82：

```
public class User implements Serializable, Lifecycle {
    public boolean onSave(Session s) throws CallbackException{
        ……    return false;    ……
    }
    public boolean onUpdate(Session s) throws CallbackException{
        ……    return true;    ……
    }
    public boolean onDelete(Session s) throws CallbackException{
        ……    return false;    ……
    }
    public boolean onLoad(Session s) throws CallbackException{
        ……
    }
}
```

对于 onSave()、onUpdate()、onDelete()方法，如果返回 true，则意味着需要终止执行对应的操作过程。如果在运行时抛出 CallbackException，那么对应的操作也会被终止。注意在接口中对应的方法中，不要去通过方法的 Session 参数执行持久化操作，在这些方法中Session 无法正常使用，如果必须要执行一些持久化操作，那么需要进行特殊的处理。

代码实例 4-83： Hibernate 中定义 Validatable 接口。

```
public interface Validatable {
    public void validate() throws ValidationFailure;
}
```

Validatable 接口是用来实现数据验证的，实体类实现 Validatable 接口，并在接口的validate 方法中实现数据验证逻辑，以保证数据输入的合法性。validate 方法将会在实体对象持久化前得到调用进行数据验证，与 Lifecycle 接口中的方法不同，Validatable.validate()方法在实体生命周期中可能被多次调用，因此此方法应该仅限于数据合法性的验证，而不应该实现业务逻辑的验证。

2. 拦截器

Hibernate 的 Lifecycle 接口和 Validatable 接口定义了一种自然的回调机制,但是如果想实现对实体的回调拦截,那么相应的实体对象必须实现这两个 Hibernate 原生接口,这就使代码的可移植性大大下降,因为此时实体类已经不再是一个 POJO。Hibernate 提供 Interceptor 接口,为持久化事件的捕获和处理提供了一个非入侵性的解决方案,Interceptor 接口通过设置注入来实现持久化事件的捕获和处理,这是典型的 IOC(控制反转)设计思想。

代码实例 4-84:Hibernate 中定义 Interceptor 接口。

```
public interface Interceptor {
    //对象初始化之前调用,这时实体对象刚刚被创建,各个属性还都为 null,如果在这个方法中
//修改了实体对象的数据,那么返回 true,否则返回 null
    public boolean onLoad ( Object entity, Serializable id, Object [ ] state, String [ ]
propertyNames, Type[] types ) throws CallbackException;
    //Session.flush()在进行脏数据检查时,如果发现实体对象数据已脏,就调用此方法
public boolean onFlushDirty ( Object entity, Serializable id, Object [ ] state, String [ ]
propertyNames, Type[] types ) throws CallbackException;
    // 实体对象被保存前调用,如果在这个方法中修改了实体对象的数据,那么返回 true,否则返回
null
    public boolean onSave ( Object entity, Serializable id, Object [ ] state, String [ ]
propertyNames, Type[] types ) throws CallbackException;
    //通过 Session 删除一个实体对象前调用
    public boolean onDelete ( Object entity, Serializable id, Object [ ] state, String [ ]
propertyNames, Type[] types ) throws CallbackException;
    //Session 执行 flush()之前调用
    public boolean preFlush(Iterator entities) throws CallbackException;
    //Session 执行 flush()之后,所有的 SQL 语句都执行完毕后调用
    public boolean postFlush(Iterator entities) throws CallbackException;
    //当执行 saveOrUpdate 方法时调用,判断实体对象是否已经保存
    public Boolean isUnsaved(Object entity);
    //执行 Session.flush()方法时,调用此方法判断该对象是否为脏对象,这提供了脏数据检查
//的另一个回调拦截机制
    public int [ ] findDirty ( Object entity, Serializable id, Object [ ] state,   String [ ]
propertyNames, Type[] types ) throws CallbackException;
    //当 Session 构造实体类实例前调用,如果返回 null,Hibernate 会按照默认方式构造实体类
//对象实例
    public Object findDirty(Class clazz, Serializable id) throws CallbackException;
}
```

Intercepter 不需要实体对象来实现,而是通过定义一个实现 Interceptor 接口的类,然后在创建 Hibernate Session 时,通过将 Interceptor 对象设置进所创建的 Session,这样通过这个 Session 来操作的实体对象,就都会具有对持久化动作的回调拦截能力。

在 Hibernate 中 Interceptor 对象有两种用法:

(1) SessionFactory. openSession(Interceptor)。该方法为每个 Session 实例分配一个拦截 Interceptor,这个拦截接口对象,存放在 Session 范围内,为每个 Session 实例所专用。

（2）Configuration. setInterceptor(Interceptor)。该方法为 SessionFactory 实例分配一个 Interceptor 实例，这个 Interceptor 实例存放在 SessionFactory 范围内，被每个 Session 实例所共享。

3. Interceptor 典型应用

利用 Interceptor 接口实现日志数据稽核功能，日志数据稽核是针对一些关键操作进行记录，以便作为业务跟踪的基础依据。

代码实例 4-85：定义用于记录操作的实体。

```
public class AudiLog implements Serializable {
    private String id;  private String user;  private String action;
    private String entityName;  private String comment;  private Long logtime;
    public String getId() {  return id;  }
    public void setId(String id) {  this.id = id;  }
    public String getUser() {  return user;  }
    public void setUser(String user) {  this.user = user;  }
    public String getAction() {  return action;  }
    public void setAction(String action) {  this.action = action;  }
    public String getEntityName() {  return entityName;  }
    public void setEntityName(String entityName) {  this.entityName = entityName;  }
    public String getComment() {  return comment;  }
    public void setComment(String comment) {  this.comment = comment;  }
    public Long getLogtime() {  return logtime;  }
    public void setLogtime(Long logtime) {  this.logtime = logtime;  }
}
```

代码实例 4-86：定义 Interceptor 接口的实现类和用于持久化操作的 AuditDAO 类。

```
package com.lbs.apps.unemployment.subsidy.beforeinfoimport.util;
import net.sf.hibernate.Session;          import net.sf.hibernate.Interceptor;
import java.io.Serializable;              import net.sf.hibernate.type.Type;
import net.sf.hibernate.HibernateException;   import java.util.Iterator;
import java.util.Set;                     import java.util.HashSet;
import com.neusoft.entity.User;
public class MyInterceptor implements Interceptor{
    private Set insertset = new HashSet();     private Set updateset = new HashSet();
    private Session session;                private String userID;
    public void setSession(Session session){  this.session = session  }
    public void setUserID(String id){  this.userID = id;  }
    public boolean onLoad( Object object, Serializable serializable,
        Object[] objectArray, String[] stringArray, Type[] typeArray) {
        return false;
    }
    public boolean onFlushDirty(Object object, Serializable serializable,
        Object[] objectArray, Object[] objectArray3, String[] stringArray, Type[] typeArray)
    {
```

```
        if(object instanceof User){  insertset.add(object);  }
        return false;
    }
    public boolean onSave(Object object, Serializable serializable,
        Object[] objectArray, String[] stringArray, Type[] typeArray) {
        if(object instanceof User){  updateset.add(object);  }
        return false;
    }
    public void onDelete(Object object, Serializable serializable,
        Object[] objectArray, String[] stringArray, Type[] typeArray) {
    }
    public void preFlush(Iterator iterator) {
    }
    public void postFlush(Iterator iterator) {
        try{
            if(insertset.size()>0){
                AuditDAO.dolog("insert",userID,inserset,session.connection);
            }
            if(updateset.size()>0){
                AuditDAO.dolog("update",userID,updateset,session.connection);
            }
        } catch (HibernateException he){  he.printStackTrace();  }
    }
    public Boolean isUnsaved(Object object) {  return null;  }
    public int[] findDirty(Object object, Serializable serializable,
        Object[] objectArray, Object[] objectArray3, String[] stringArray, Type[] typeArray)
{
        return null;
    }
    public Object instantiate(Class class0, Serializable serializable) {  return "";  }
}
```

代码实例 4-87：AuditDAO 类。

```
public class AuditDAO {
    public static void doLog(String action, String userID, Set modifySet,
        Connection connection) {
        Session tempsession = HibernateUtil.getSessionFactory().openSession(connection);
        try {
            Iterator it = modifyset.iterator();
            while (it.hasNext()) {
                User user = (User) it.next();  AudiLog log = new AudiLog();
                log.setUserID(userID);        log.setAction(action);
                log.setComment(user.toString());
                log.setLogTime(new Long(Calendar.getInstance().getTime().getTime()));
                tempsession.save(log);
            }
        } catch (Exception e) {  throw new CallbackException(e);  }
```

```
        finally {
            try {  tempsesson.close();  }
            catch (HibernateException he) {  throw new CallbackException(he);  }
        }
    }
}
```

代码实例 4-88：业务逻辑主程序。

```
……
SessionFactory sessionfactory = config.buildSessionFactory();
MyInterceptor it = new MyInterceptor();
session = sessionfactory().openSession(it);
it.setUserID("currentUser");
it.setSession(session);
User user = new User();
user.setName("zx ");
Transaction tx = session.beginTransaction();
session.save(user);
tx.commit();
session.close();
……
```

创建 Session 时设置 Interceptor 实例对象，当执行到 session.save(user)前，会触发 onSave()方法。当执行 tx.commit()时，会执行 flush()。然后触发 postFlush()方法，通过 AuditDAO 进行持久化保存业务日志，并没有使用原有的 Session 实例，是因为要避免 Session 内部状态混乱，因此依托当前 Session 的 JDBC Connection 创建一个临时 Session 用 于保存操作记录。在持久化操作中没有启动事务，因为临时 Session 中的 JDBC Connection 是与外围调用 Interceptor 的 Session 共享，而事务已经在外围 Session 的 JDBC Connection 上启动。这是在拦截方法中进行持久化操作的标准方法。Interceptor 提供了非入侵性的 回调拦截机制，可以方便地实现一些持久化操作的特殊需求。

4.4.11 Hibernate 数据加载

在传统 JDBC 操作中通过 SQL 语句加载所需的数据进行处理，当 SQL 提交后，这些数 据就被读取待用。Hibernate 针对关联数据，支持多种数据加载方式，如表 4-24 所示。

表 4-24　Hibernate 数据加载方式

数据加载方式	说　　明
即时加载(Immediate Loading)	当实体加载完成后，立即加载其关联数据
延迟加载(Lazy Loading)	实体加载时，其关联数据并非即刻获取，而是当关联数据第一次被访问时再进行读取
预先加载(Eager Loading)	预先加载时，实体及其关联对象同时读取，这与即时加载类似，不过实体及其关联数据是通过一条 SQL 语句(基于外链接 outer join)同时读取
批量加载(Batch Loading)	对于即时加载和延迟加载，可以采用批量加载方式进行性能上的优化

1. 即时加载（Immediate Loading）

假设有一对多关系，用户（TUser）及其地址（TAddress）关联。

代码实例 4-89：TUser.hbm.xml。

```
……
<set  name = "addresses"  table = "TAddress"  inverse = "true"  lazy = "false">
  <key column = "user_id"/>
  <one - to - many class = "com.itec.db.TAddress"/>
</set>
……
```

代码实例 4-90：

```
String hql = "from TUser where name = 'ITEC'";
List result = session.createQuery(hql).list();
Iterator it = list.iterator();
Tuser tuser = null;
while(it.hasNext()) {
    tuser = (TUser)it.next();
    System.out.println("Name: " + user.getName());
    System.out.println("Address Size: " + user.getAddresses().size());
}
```

运行结果：

```
Hibernate: select …… from TUser tuser0_ where (name = 'ITEC')
Hibernate: select …… from TAddress addresses0_ where addresses_.user_id = ?
Name: ITEC
Address Size: 2
```

从输出数据可以看到，在 HQL 语句被解析并被执行后，Hibernate 接连调用了两条 SQL，分别完成了 TUser 和 TAddress 对象的加载。这就是即时加载的基本原理，当宿主实体（关联主体，这里指 TUser 对象）加载时。Hibernate 会立即自动读取其关联的数据并完成关联属性的填充。

2. 延迟加载（Lazy Loading）

在上面即时加载的示例中，当 Hibernate 加载 TUser 对象的同时，即同时加载了其所关联的 TAddress 对象。这样可能导致性能损耗：当只需要读取 TUser 对象数据，而无须其地址信息的时候，却必须付出同时读取地址数据的性能代价。引入延迟加载机制的目的就是为了避免这一问题的出现。

代码实例 4-91：修改后的 TUser.hbm.xml。

```
……
< set name = "addresses"  table = "TAddress"  inverse = "true"  lazy = "true">
    < key column = "user_id"/>
    < one - to - many class = "com. itec. db. TAddress"/>
</set >
……
```

运行结果：

```
Hibernate: select …… from TUser tuser0_ where (name = 'ITEC')
Name: ITEC
Hibernate: selec t …… from TAddress addresses0_ where addresses_.user_id = ?
Address Size: 2
```

与代码实例 4-88 不同，当代码运行到 user. getName();时，Hibernate 只执行了一条 SQL，从 TUser 表中读取符合条件的记录。而在调用 user. getAddresses(). size()时，激发了第二条 SQL 的执行，从库表中读取对应的地址信息。与即时加载不同，Hibernate 并没有在加载 TUser 对象时就读取其关联的地址数据。而是当调用 user. getAddresses()方法时，才调用 SQL 进行数据加载。这就是延迟加载机制，当真正需要数据的时候才进行读取操作。

3. 预先加载（Eager Loading）

预先加载即通过 outer-join 完成关联数据的加载，通过编写 HQL 语句来实现。通过一条 SQL 语句即可完成实体及其关联数据的读取操作，相对即时读取的两条甚至若干条 SQL 而言，无疑这种机制在性能上带来了更多的提升。

例如，from TUser user left join fetch user. addresses，会生成 SQL 语句：

select user ……, addr …… from TUser user left outer join TAddress addr on user. id = addr. user_id

对于集合类型（在一对多、多对一或多对多关系中）不推荐采用预先加载方式，对于集合尽量采用延迟加载模式，以避免性能上可能的无谓开销。一般来说，outer-join 可以高效地处理关联数据。但在一些特殊情况下，特别是对于特别复杂的关联关系，如多层关联，Hibernate 生成的 outer-join SQL 可能过于复杂，此时，应该根据情况判断预先加载在当前环境中的可用性。同时，也可以通过调整全局变量（hibernate. max_fetch_depth）限定 outer-join 的层次（一般设定到 5 层）。

4. 批量加载（Batch Loading）

批量加载是通过批量提交多个限定条件，一次完成多个数据的读取。
例如，

```
select * from TUser where id = 1  select * from TUser where id = 2
```

可以将其整合成一条 SQL 语句：

```
select * from TUser where id = 1 or id = 2
```

这就是批量加载机制。Hibernate 在进行数据查询操作前,会自动在当前 session 中寻找是否还有其他同类型待加载的数据,如果有,则将其查询条件合并在当前 select 语句中一并提交,通过一次数据库操作即完成了多个读取任务。在实体配置的 class 节点中,可以通过 batch-size 参数打开批量加载机制,并限定每次批量加载的数量。

例如,

```
< class name = "TUser" table = "TUser" batch - size = "5" >
```

一般来说,batch-size 应该设定为一个合理的小型数值(小于 10)。

5. 特定数据对象加载方式

特定数据对象加载是指使用 Session. load/get 方法均根据指定的实体类和 id 从数据库读取记录,并返回与之对应的实体对象。load()/get()方法区别在于：如果未能发现符合条件的记录,get 方法返回 null,而 load 方法会抛出一个 ObjectNotFoundException；Load 方法可返回实体的代理类实例,而 get 方法永远直接返回实体类；load 方法可以充分利用内部缓存和二级缓存中的现有数据,而 get 方法则仅仅在内部缓存中进行数据查找,如没有发现对应数据,将越过二级缓存,直接调用 SQL 完成数据读取。

代码实例 4-92：get 方法实例。

```java
public void testGetMethod() {
    Session session = null;
    try {
        session = HibernateUtils.getSession();
        session.beginTransaction();
                                        //发出查询 sql,加载 User 对象
        User user = (User)session.get(User.class, "[主键值]");
        System.out.println("user.name = " + user.getName());
        user.setName("张三");
        session.getTransaction().commit();
    } catch(Exception e) {
        e.printStackTrace();
        session.getTransaction().rollback();
    } finally {
        HibernateUtils.closeSession(session);
    }
}
```

代码实例 4-93：load 方法实例。

```
public void testLoadMethod() {
    Session session = null;
    try {
        session = HibernateUtils.getSession();
        session.beginTransaction();
        //不会发出查询SQL,因为load方法实现了lazy(懒加载或延迟加载)
        //延迟加载:只有真正使用这个对象的时候,才加载(发出SQL语句)
        //hibernate延迟加载实现原理是代理方式
        User user = (User)session.load(User.class, "[主键值]");
        System.out.println("user.name = " + user.getName());
        user.setName("李四");
        session.getTransaction().commit();
    }catch(Exception e) {
        e.printStackTrace();
        session.getTransaction().rollback();
    }finally {
        HibernateUtils.closeSession(session);
    }
}
```

6. 数据加载过程

(1) Hibernate 中维持两级缓存。第一级缓存由 Session 实例维护,保持 Session 当前所有关联实体的数据,也称为内部缓存;第二级缓存位于 SessionFactory 层次,由当前所有由本 SessionFactory 构造的 Session 实例共享。出于性能考虑,避免无谓的数据库访问,Session 在调用数据库查询功能之前,会先在缓存中进行查询。首先在第一级缓存中,通过实体类型和 id 进行查找,如果第一级缓存查找命中,且数据状态合法,则直接返回。

(2) Session 在当前 NonExists 记录中进行查找,如果 NonExists 记录中存在同样的查询条件,则返回 null。NonExists 记录了当前 Session 实例在之前所有查询操作中,未能查询到有效数据的查询条件(相当于一个查询黑名单列表)。如果 Session 中一个无效的查询条件重复出现,即可迅速做出判断,从而获得最佳的性能表现。

(3) load 方法中,如果内部缓存中未发现有效数据,则查询第二级缓存,如果第二级缓存命中,则返回。

(4) 如在缓存中未发现有效数据,则发起数据库查询操作(Select SQL),如经过查询未发现对应记录,则将此次查询的信息在 NonExists 中加以记录,并返回 null。

(5) 根据映射配置和 Select SQL 得到的 ResultSet,创建对应的数据对象。

(6) 将数据对象纳入当前 Session 实体管理容器(一级缓存)。

(7) 执行 Interceptor.onLoad 方法(如果有对应的 Interceptor)。

(8) 将数据对象纳入二级缓存。

(9) 如果数据对象实现了 LifeCycle 接口,则调用数据对象的 onLoad 方法。

(10) 返回数据对象。

4.4.12　Hibernate 缓存机制

Hibernate 中提供两级 Cache：第一级缓存是 Session 级别的缓存，它属于事务范围的缓存，这一级别的缓存由 Hibernate 管理，一般情况下无须进行干预；第二级缓存是 SessionFactory 级别的缓存，它属于进程范围或群集范围的缓存，这一级别缓存可以进行配置和更改，并且可以动态加载和卸载。Hibernate 还为查询结果提供了一个查询缓存，它依赖于第二级缓存。

1. 一级缓存与二级缓存概述

第一级缓存第二级缓存的数据存放形式是相互关联的持久化对象，包括对象的散装数据、缓存的范围和事务范围。每个事务都有单独的第一级缓存进程范围或集群范围，缓存被同一个进程或集群范围内的所有事务共享。并发访问策略由于每个事务都拥有单独的第一级缓存，不会出现并发问题，无须提供并发访问策略。

由于多个事务会同时访问第二级缓存中相同数据，因此必须提供适当的并发访问策略，来保证特定的事务隔离级别。数据过期策略没有提供数据过期策略。处于一级缓存中的对象永远不会过期，除非应用程序显式清空缓存或者清除特定的对象必须提供数据过期策略，如基于内存的缓存对象最大数目、允许对象处于缓存中的最长时间，以及允许对象处于缓存中的最长空闲时间。

对象的散装数据首先存放在基于内存的缓存中。当内存中对象的数目达到数据过期策略中指定上限时，就会把其余的对象写入基于硬盘的缓存中。Hibernate 的 Session 中包含了缓存的第三方实现方式，Hibernate 仅提供缓存适配器（Cache Provider），用于把特定的缓存插件集成到 Hibernate 中。

启用缓存的方式只要应用程序通过 Session 接口来执行保存、更新、删除、加载和查询数据库数据的操作，Hibernate 就会启用第一级缓存，把数据库中的数据以对象的形式复制到缓存中，对于批量更新和批量删除操作，如果不希望启用第一级缓存，可以绕过 Hibernate API，直接通过 JDBC API 来执行指操作。

用户可以在单个类或类的单个集合的粒度上配置第二级缓存。如果类的实例被经常读但很少被修改，就可以使用第二级缓存。只有为某个类或集合配置了第二级缓存，Hibernate 在运行时才会把它的实例加入到第二级缓存中。

用户管理缓存的方式第一级缓存的物理介质为内存，由于内存容量有限，必须通过恰当的检索策略和检索方式来限制加载对象的数目。Session 的 evit()方法可以显式清空缓存中的特定对象，但这种方法不值得推荐。第二级缓存的物理介质可以是内存和硬盘，因此第二级缓存可以存放大量的数据，数据过期策略的 maxElementsInMemory 属性值可以控制内存中的对象数目。管理第二级缓存主要包括两个方面：选择需要使用第二级缓存的持久类，设置合适的并发访问策略；选择缓存适配器，设置合适的数据过期策略。

2. 一级缓存管理

当应用程序调用 Session 的 save()、update()、savaeOrUpdate()、get()或 load()，以及查询接口的 list()、iterate()或 filter()方法时，如果在 Session 缓存中还不存在相应的对象，Hibernate 就会把该对象加入到第一级缓存中。当清理缓存时，Hibernate 会根据缓存中对象的状态变化来同步更新数据库。Session 为应用程序提供了两个管理缓存的方法：evict(Object obj)，从缓存中清除参数指定的持久化对象；clear()，清空缓存中所有持久化对象。

3. 二级缓存管理

Hibernate 的二级缓存策略的一般过程如下：

（1）条件查询的时候，发出"select * from table_name where ……（选择所有字段）"SQL 语句查询数据库，一次获得所有的数据对象。

（2）把获得的所有数据对象根据 ID 放入到第二级缓存中。

（3）当 Hibernate 根据 ID 访问数据对象的时候，首先从 Session 一级缓存中查，如果查不到，就从二级缓存中查，如果还查不到，再查询数据库，查询完毕后把结果按照 ID 放入到缓存。

（4）删除、更新、增加数据的时候，同时更新缓存。

（5）Hibernate 的二级缓存策略，是针对于 ID 查询的缓存策略，对于条件查询则毫无作用。为此 Hibernate 提供了针对条件查询的 Query Cache。

适合放入二级缓存的数据包括：很少被修改的数据；不是很重要的数据，允许出现偶尔并发的数据；不会被并发访问的数据；参考数据，供应用参考的常量数据，它的实例数目有限，它的实例会被许多其他类的实例引用，实例极少或者从来不会被修改。

适合放入二级缓存的数据包括：经常被修改的数据；财务数据，绝对不允许出现并发；与其他应用共享的数据。

常见二级缓存插件如表 4-25 所示。

表 4-25　常见二级缓存插件

二级缓存插件	说　　明
EhCache	可作为进程范围的缓存，存放数据的物理介质可以是内存或硬盘，对 Hibernate 的查询缓存提供了支持
OSCache	可作为进程范围的缓存，存放数据的物理介质可以是内存或硬盘，提供了丰富的缓存数据过期策略，对 Hibernate 的查询缓存提供了支持
SwarmCache	可作为群集范围内的缓存，但不支持 Hibernate 的查询缓存
JBossCache	可作为群集范围内的缓存，支持事务型并发访问策略，对 Hibernate 的查询缓存提供了支持

配置二级缓存时，首先选择需要使用二级缓存的持久化类，设置它的命名缓存的并发访问策略；然后选择合适的缓存插件，然后编辑该插件的配置文件。

4.4.13　Hibernate 数据连接池机制

Hibernate 支持第三方的连接池,官方推荐的连接池是 C3P0、Proxool、DBCP。在配置连接池时需要注意:

(1) Apache 的 DBCP 在 Hibernate2 中受支持,但在 Hibernate3 中不推荐使用,官方解释是这个连接池存在缺陷。如果需要在 Hibernate3 中使用 DBCP,建议采用 JNDI 方式。

(2) 默认情况下(即没有配置连接池的情况下),Hibernate 会采用内建的连接池。但这个连接池性能不佳,且存在诸多 BUG,因此官方也只是建议仅在开发环境下使用。

代码实例 4-94：Hibernate 默认连接池配置。

```xml
<!DOCTYPE hibernate - configuration PUBLIC " - //Hibernate/Hibernate Configuration DTD//EN" "
http://hibernate.sourceforge.net/hibernate - configuration - 3.0.dtd">
<hibernate - configuration>
    <session - factory>                                    <!-- JDBC 驱动程序 -->
        <property name = "connection.driver_class">  com.mysql.jdbc.Driver  </property>
                                                        <!-- 连接数据库的 URL-->
        <property name = "connection.url">
            jdbc:mysql://localhost:3306/schoolproject
        </property>
        <property name = "connection.useUnicode">  true  </property>
        <property name = "connection.characterEncoding">  UTF - 8  </property>
                                                        <!-- 连接的登录名 -->
        <property name = "connection.username">  root  </property>
                                                        <!-- 登录密码  -->
        <property name = "connection.password">  root  </property>
                                        <!-- 是否将运行期生成的 SQL 输出到日志以供调试-->
        <property name = "show_sql">  true  </property>
                                                        <!-- 指定数据库特征库 -->
        <property name = "dialect">  org.hibernate.dialect.MySQLDialect  </property>
                                                        <!-- 映射实体类这个资源 -->
        <mapping resource = "XXX.xml" />
    </session - factory>
</hibernate - configuration>
```

代码实例 4-95：C3P0 连接池配置。

```xml
<!DOCTYPE hibernate - configuration PUBLIC " - //Hibernate/Hibernate Configuration DTD//EN" "
http://hibernate.sourceforge.net/hibernate - configuration - 3.0.dtd">
<hibernate - configuration>
    <session - factory>
                                                <!-- JDBC 驱动程序 -->
        <property name = "connection.driver_class">  com.mysql.jdbc.Driver  </property>
                                                <!-- 连接数据库的 URL-->
        <property name = "connection.url">
```

```
              jdbc:mysql://localhost:3306/schoolproject
       </property>
       <property name = "connection.useUnicode">  true  </property>
       <property name = "connection.characterEncoding">  UTF-8  </property>
                                        <!--连接的登录名-->
       <property name = "connection.username">  root  </property>
                                          <!--登录密码-->
       <property name = "connection.password">  root  </property>
                                     <!-- C3P0 连接池设定 -->
       <property name = "hibernate.connection.provider_class">
           org.hibernate.connection.C3P0ConnectionProvider
       </property>
       <property name = "hibernate.c3p0.max_size">  20  </property>
       <property name = "hibernate.c3p0.min_size">  5  </property>
       <property name = "hibernate.c3p0.timeout">  120  </property>
       <property name = "hibernate.c3p0.max_statements">  100  </property>
       <property name = "hibernate.c3p0.idle_test_period">  120  </property>
       <property name = "hibernate.c3p0.acquire_increment">  2  </property>
                          <!-- 是否将运行期生成的 SQL 输出到日志以供调试 -->
       <property name = "show_sql">  true  </property>
                                      <!-- 指定数据库特征库 -->
       <property name = "dialect">  org.hibernate.dialect.MySQLDialect  </property>
                                     <!--映射实体类这个资源-->
       <mapping resource = "XXX.xml" />
    </session-factory>
</hibernate-configuration>
```

附录

附录 A　DOM 中的 Table 对象

1. Table 元素对象

Table 元素对象是表格元素对象中最外层的容器,可容纳所有其他的表格元素对象。Table 元素对象有丰富的属性和方法,用于控制其对应表格的各项外观属性。若在表格定义中已经设定某个属性,则在文档中一般不需要修改该属性;若创建一个新的 Table 元素对象并插入到当前页面中,则需要通过设置这些属性来定制表格的外观特征。

Table 对象的常用属性如表 A-1 所示。

表 A-1　Table 对象的常用属性

属　　性	说　　明	浏览器支持
align	控制表格相对于提供位置上下文的次外层容器而言的水平对齐方式的常量字符串	NN6＋,IE4＋
background	指定表格的背景图片 URL 地址	IE4＋
bgColor	指定表格的背景颜色的颜色值或颜色常量字符串;若为具体的行、行组合或单元格指定背景颜色,将会覆盖表格原有的背景颜色	NN6＋,IE4＋
border	控制表格的边框厚度(px),属性为 0 或不指定该属性将删除目标表格周围所有的可见边框	NN6＋,IE4＋
borderColor	控制表格边框的颜色值或颜色常量字符串	IE4＋
caption	返回嵌套于当前表格 Caption 元素对象的引用,若不存在该属性,则返回 null	NN6＋,IE4＋
cellpadding	控制单元格的边缘与单元格内容之间空白区域的宽度(px)	NN6＋,IE4＋
cells	返回表格中所有 td 和 th 元素对象的集合,对应于单元格	IE5＋
cellSpacing	控制单元格之间边框的厚度	NN6＋,IE4＋
cols	返回表格中所有的 td 元素对象构成的集合	IE4＋
rows	返回当前表格中所有 tr 元素对象构成的集合	NN6＋,IE4＋
width	表示表格的宽度(px)	NN6＋,IE4＋

Table 对象的常用方法如表 A-2 所示。

表 A-2　Table 对象的常用方法

方　　法	说　　明	浏览器支持
createCaption()	添加 caption 元素对象至当前表格	NN6＋,IE4＋
deleteCaption()	删除当前表格的 caption 元素对象	NN6＋,IE4＋
deleteRow(rowIndex)	删除由参数 rowIndex 指定索引位置的表行	NN6＋,IE4＋
insertRow(rowIndex)	将新的表行插入当前表格中,由 rowIndex 指定其插入位置	NN6＋,IE4＋
moveRow(in1,in2)	将表格中由参数 in1 指定索引位置的表行移动到由参数 in2 指定的位置,并返回移动行的引用	IE5＋

2. tr、td 和 th 元素对象

tr 元素对象作为 td 和 th 元素的容器而存在,表格中的所有单元格均继承了行的属性。表行的列数由所包含的 td 元素决定,而表格的列数由其包含的表行中列数最大的表行所决定。tr 元素对象提供诸多的属性和方法,用于控制目标表行和数据(文本、图片等)对齐方式、背景颜色和边框样式等。

tr 元素对象的常用属性和方法如表 A-3 所示。

表 A-3　tr 元素对象的常用属性和方法

属　　性	说　　明	浏览器支持
align	控制目标表行中单元格的对齐方式	NN6＋,IE4＋
bgColor	控制目标表行中单元格的背景颜色	NN6＋,IE4＋
borderColor	控制目标表行边框颜色的颜色值或颜色常量字符串	IE4＋
cells	返回嵌套与当前 tr 元素对象的 td 元素对象数组	NN6＋,IE4＋
height	返回目标表行的高度(px 或百分比)	IE5＋
rowIndex	返回目标表行在当前表格中 rows 集合中从 0 开始计数的索引值	NN6＋,IE4＋
vAlign	指定目标表行中所有单元格的垂直对齐方式	NN6＋,IE4＋
deleteCell(index)	删除目标表行中由参数 index 指定索引位置的单元格	NN6＋,IE4＋
insertCell(index)	将新的单元格插入到目标表行中由参数 index 指定位置	NN6＋,IE4＋

td 和 th 元素对象的常用属性如表 A-4 所示。

表 A-4　td 和 th 元素对象的常用属性和方法

属　　性	说　　明	浏览器支持
align	控制单元格中内容的对齐方式	NN6＋,IE4＋
background	控制单元格的背景图片	IE4＋
bgColor	控制单元格的背景颜色	NN6＋,IE4＋
borderColor	控制单元格边框颜色的颜色值或颜色常量字符串	IE4＋
cellIndex	返回单元格在其所属的表行中的位置索引值	NN6＋,IE4＋
colSpan	表示单元格元素的 colSpan 属性,属性值为大于 1 或等于 1 的整数	NN6＋,IE4＋
height	表示表格的高度(px 或百分比)	NN6＋,IE4＋
noWrap	表示单元格的内容超出其边界是否自动换行的布尔值,属性值 true 表示自动换行,false 表示不自动换行。	NN6＋,IE4＋
rowSpan	表示单元格元素的 rowSpan 属性,属性值为大于 1 或等于 1 的整数	NN6＋,IE4＋
vAlign	指定单元格中内容的垂直对齐方式	NN6＋,IE4＋
width	表示单元格的宽度(px 或百分比)	NN6＋,IE4＋

附录 B 对日软件开发

B.1 日式式样书

1. 什么是式样书

式样书就是样式的样板书,多采用文字或图片等形式进行样式的说明。项目的式样书主要用来表明程序要完成何种功能,通过文字、表格、图片等格式进行说明,是程序员编写程序时的指导性文件。式样书如图 B-1 和图 B-2 所示。

图 B-1 式样书

2. 式样书的作用

1) 指导作用

式样书可以指导程序员进行代码编写,是程序员编码的依据。日方提供的式样书,除了功能描述的作用外,还会提供部分逻辑说明。通过式样书,程序员能够很好地了解项目所要完成的功能,以及按照何种方式进行编码。

式样书是测试人员的测试依据。测试人员依照式样书的要求对代码进行测试。对日项目一般规模都比较大,会有多名编码人员和测试人员。这就要求测试人员与编码人员要对项目的功能有统一的认识,通过式样书,测试人员能够很好地判断程序的正确性。

2) 维护依据

项目完成测试后,在运行期间,有些功能可能会根据实际情况发生变动。后期代码的维

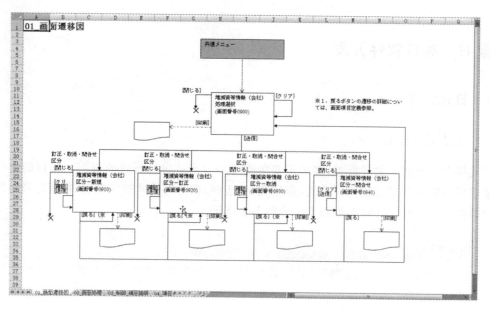

图 B-2　式样书

护人员可以通过式样书明确地了解程序的编写框架和逻辑,从而提高维护代码的工作效率。

B.2　PCL/MCL 的制作过程

1. 测试概述

测试是为了发现程序中的错误而执行程序的过程。能够发现迄今为止尚未发现的错误的测试方案就是好的测试方案,也就是成功的测试。

1) 测试的目的及意义

测试以发现 Bug 为目的! 如果已经知道了产品应该具有的功能,可以通过测试来检验是否每个功能都能正常使用,这个方法是黑盒测试。黑盒测试法把程序看成一个黑盒子,完全不考虑程序的内部结构和处理过程。黑盒测试是在程序接口进行的测试,它只检查程序功能是否能按照规格说明书的规定正常使用,程序是否能适当地接收输入数据产生正确的输出信息。所以,黑盒测试又称为功能测试。

如果知道产品内部工作过程,可以通过测试来检验产品内部动作是否按照规格说明书的规定正常进行,这个方法是白盒测试,又称结构测试。白盒测试法的前提是可以把程序看成在一个透明的白盒子里,也就是完全了解程序的结构和处理过程。这种方法按照程序内部的逻辑测试程序,检验程序中的每条通路是否都能按预定要求正确工作。

2) 软件测试步骤

(1) 模块测试。

每个模块完成一个清晰定义的子功能,而且这个子功能和同级其他模块的功能之间没有相互依赖关系。因此,可以把每个模块作为一个单独的实体来测试。模块测试的目的是

236

保证每个模块作为一个单元能正确运行,所以模块测试通常又称为单元测试。在这个测试步骤中所发现的往往是编码和详细设计的错误。

(2) 子系统测试。

子系统测试是把经过单元测试的模块放在一起,形成一个子系统来测试。模块相互间的协调和通信是这个测试过程中的主要问题,因此这个步骤着重测试模块的接口。

(3) 系统测试。

系统测试是把经过测试的子系统装配成一个完整的系统来测试。在这个过程中不仅应该发现设计和编码的错误,还应该验证系统确实能提供需求说明书中指定的功能,而且系统的动态特性也符合预定要求。在这个测试步骤中发现的往往是软件设计中的错误,也可能发现需求中的错误。

(4) 验收测试。

验收测试把软件系统作为单一的实体进行测试,测试内容与系统测试基本类似,但是它是在用户积极参与下进行的,而且可能主要使用实际数据进行测试。验收测试的目的是验证系统确实能够满足用户的需要,在这个测试步骤中发现的往往是系统需求说明书中的错误。

(5) 平时运行。

关系重大的软件产品在验收之后往往并不立即投入生产运行,而是要再经过一段平行运行时间的考验。所谓平行运行就是同时运行新开发出来的系统和将被它取代的旧系统,以便比较新旧两个系统的处理结果。

2. PCL 制作流程

PCL(Program Check List,程序检查列表)是一个程序功能检查列表,逐一列出编码阶段所实现的功能。

实例 0910:顺序对程序的式样书进行逐一标点,把所有程序遍历一遍。

文档 01:根据"0900_1_画面遷移_制御_補足説明(增减資等情报(会社)).xls"生成"01_画面遷移图",文档 01 的画面迁移图如图 B-3 所示。

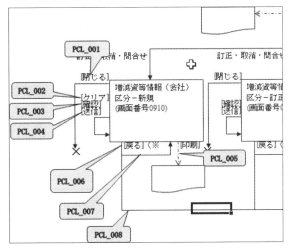

图 B-3　文档 01 的画面迁移图

在文档 01 的画面迁移图中,可实现如下功能。

(1) PCL_001:在 0910 页面上单击"关闭"按钮时,可以把当前页面关掉。

(2) PCL_002:在 0910 页面上单击"清空"按钮时,不进行跳转,还是停留在 0910 页面,即实现自迁移功能。

(3) PCL_003:在 0910 页面上单击"确认"按钮时,不进行跳转,还是停留在 0910 页面,即实现自迁移功能。

(4) PCL_004:在 0910 页面上单击"送信"按钮时,不进行跳转,还是停留在 0910 页面,即实现自迁移功能。

(5) PCL_005:在 0910 页面上单击"印刷"按钮时,应该跳转到打印界面。

(6) PCL_006、PCL_007、PCL_008:在 0910 页面上单击"返回"按钮时,分为三种情况进行处理。

第一种情况,从 0900 页面跳转到 0910 页面后,不进行任何操作,直接单击"返回"按钮,应该转到 0900 页面。

第二种情况,从 0900 页面跳转到 0910 页面后,进行"确认"、"送信"等操作后,单击"返回"按钮,应该跳转到 0900 页面。

第三种情况,在 0910 页面单击"确认"按钮后,单击"返回"按钮,应该还是停留在 0910 页面,即实现自迁移功能。

以上这 8 个功能,就作为 8 个检查点,即 PCL 点。

文档 02:根据"0900_1_画面遷移_制御_補足説明(増減資等情報(会社)).xls"生成"02 _画面处理",文档 02 的画面迁移图如图 B-4 所示。

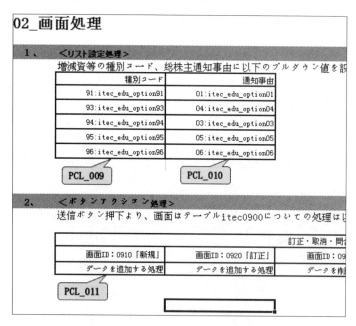

图 B-4 文档 02 的画面迁移图

在文档 02 的画面迁移图中,可实现如下功能。

(1) PCL_009:列出下拉列表"種別コード"的填充值。

(2) PCL_010:列出下拉列表"通知事由"的填充值。

(3) PCL_011:单击"送信"按钮后所做的处理。

文档 03:根据"0900_1_画面遷移_制御_補足説明(増減資等情報(会社)). xls"生成"03 _制御_補足説明",文档 03 的画面迁移图如图 B-5 所示。

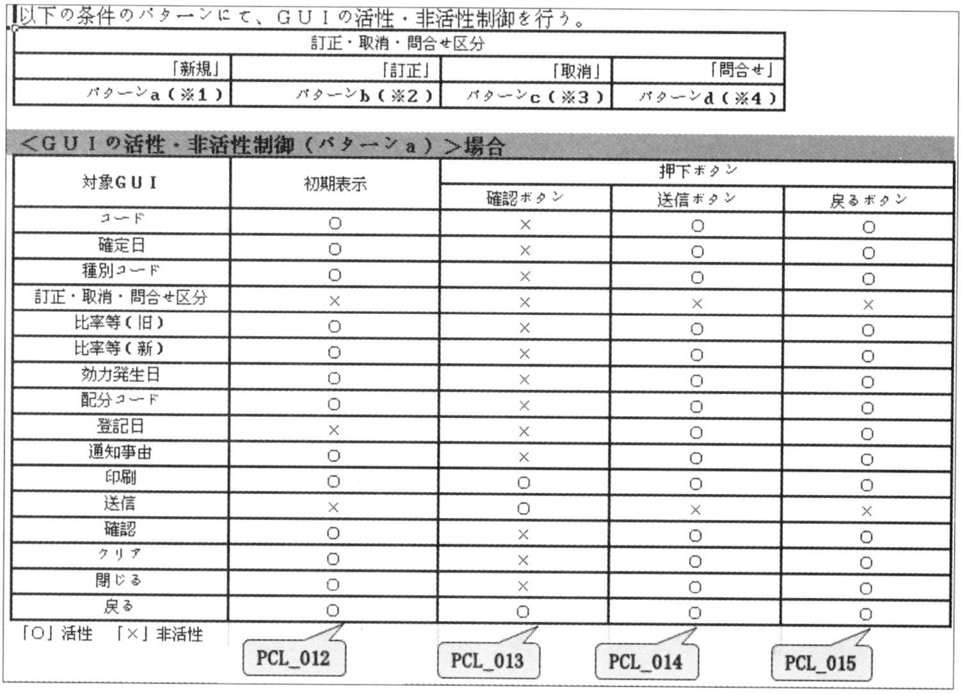

图 B-5 文档 03 的画面迁移图

在文档 03 的画面迁移图中,可实现如下功能。

(1) PCL_012:显示 0910 页面的初始状态,即页面上各个元素的活性/非活性状态。

(2) PCL_013:在 0910 页面单击"确认"按钮后,页面上各个元素的活性/非活性状态。

(3) PCL_014:在 0910 页面单击"送信"按钮后,页面上各个元素的活性/非活性状态。

(4) PCL_015:在 0910 页面单击"返回"按钮后,页面上各个元素的活性/非活性状态。

文档 04:根据"0900_2_画面項目定義(増減資等情報(会社)). xls"生成"画面 ID 0910",文档 04 的画面迁移图如图 B-6 所示。

PCL_016~PCL_022:根据文档"0000_1_仕様書説明_共通処理. xls"生成"02_共通処理説明"中的"2. 項目チェックの説明",如图 B-7 所示。

PCL_023~PCL_061:说明各个字段在初始画面和"送信"画面的显示内容是否正确,以及各个按钮的功能是否正确,如图 B-8~图 B-10 所示。

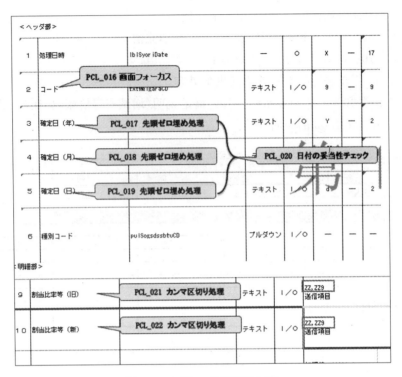

图 B-6　文档 04 的画面迁移图

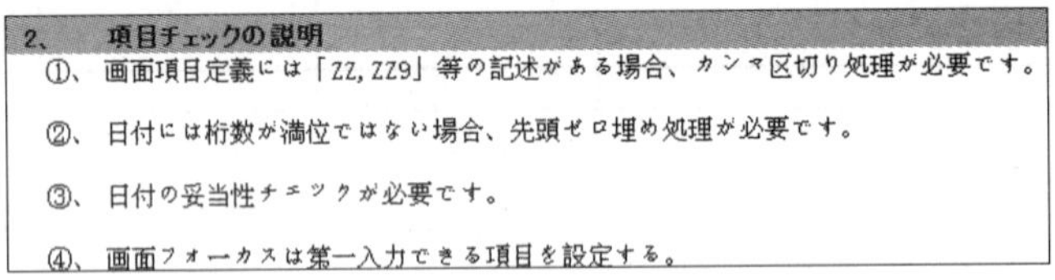

图 B-7　"2.項目チェックの説明"中 PCL_016～PCL_022 的说明

3. MCL 制作流程

MCL(矩阵检查列表,Matrix Check List)用于说明画面中字段的属性以及位数。

例如:如果 A>0 的时候,给 B 赋值为 1;A=0 时,给 B 赋值为 2;A<0 时,给 B 赋值为 3。相应的 MCL 如图 B-11 所示。

实例 0910 页面中,几个有代表性点的 MCL 如图 B-12～图 B-13 所示。

从图 B-12 和图 B-13 两张式样书片断来看,对于字段"コード",当"增减资等的种别コード"的值为 96 的时候,字段"コード"是必须用户输入的,它的属性是 9 型(数字),位数为 9。用于检查程序是否编写正确的 MCL 如图 B-14 所示。

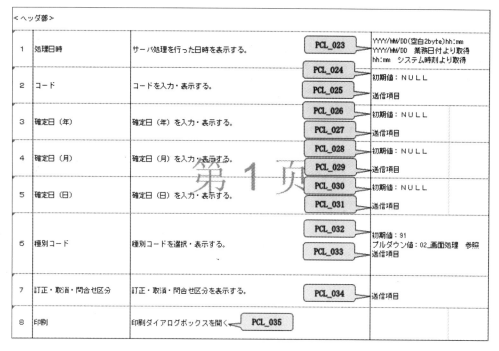

<ヘッダ部>

1	処理日時	サーバ処理を行った日時を表示する。	PCL_023 / PCL_024	YYYY/MM/DD(空白2byte)hh:mm YYYY/MM/DD 業務日付より取得 hh:mm システム時刻より取得
2	コード	コードを入力・表示する。	PCL_025	初期値：NULL 送信項目
3	確定日（年）	確定日（年）を入力・表示する。	PCL_026 / PCL_027	初期値：NULL 送信項目
4	確定日（月）	確定日（月）を入力・表示する。	PCL_028 / PCL_029	初期値：NULL 送信項目
5	確定日（日）	確定日（日）を入力・表示する。	PCL_030 / PCL_031	初期値：NULL 送信項目
6	種別コード	種別コードを選択・表示する。	PCL_032 / PCL_033	初期値：91 プルダウン値：02_画面処理 参照 送信項目
7	訂正・取消・問合せ区分	訂正・取消・問合せ区分を表示する。	PCL_034	送信項目
8	印刷	印刷ダイアログボックスを開く。	PCL_035	

図 B-8 "2.項目チェックの説明"中 PCL_023〜PCL_035 的说明

<明細部>

9	割当比率等（旧）	割当比率等（旧）を入力・表示する。 種別コードの値により、画面入力可否制御1（04_項目チェック＜画面入力可否制御1>）を行う。	PCL_036 / PCL_037	ZZ,ZZ9 初期値：NULL 送信項目
10	割当比率等（新）	割当比率等（新）を入力・表示する。 種別コードの値により、画面入力可否制御1（04_項目チェック＜画面入力可否制御1>）を行う。	PCL_038 / PCL_039	ZZ,ZZ9 初期値：NULL 送信項目
11	効力発生日（年）	効力発生日（年）を入力・表示する。 種別コードの値により、画面入力可否制御1（04_項目チェック＜画面入力可否制御1>）を行う。	PCL_040 / PCL_041	初期値：NULL 送信項目
12	効力発生日（月）	効力発生日（月）を入力・表示する。 種別コードの値により、画面入力可否制御1（04_項目チェック＜画面入力可否制御1>）を行う。	PCL_042 / PCL_043	初期値：NULL 送信項目
13	効力発生日（日）	効力発生日（日）を入力・表示する。 種別コードの値により、画面入力可否制御1（04_項目チェック＜画面入力可否制御1>）を行う。	PCL_044 / PCL_045	初期値：NULL 送信項目
14	配分コード	配分コードを入力・表示する。 種別コードの値により、画面入力可否制御1（04_項目チェック＜画面入力可否制御1>）を行う。	PCL_046 / PCL_047	初期値：NULL 送信項目
15	登記日（年）	登記日（年）を入力・表示する。 種別コードの値により、画面入力可否制御1（04_項目チェック＜画面入力可否制御1>）を行う。	PCL_048 / PCL_049	初期値：NULL 送信項目
16	登記日（月）	登記日（月）を入力・表示する。 種別コードの値により、画面入力可否制御1（04_項目チェック＜画面入力可否制御1>）を行う。	PCL_050 / PCL_051	初期値：NULL 送信項目

図 B-9 "2.項目チェックの説明"中 PCL_036〜PCL_051 的说明

16	登記日（月）	登記日（月）を入力・表示する。 種別コードの値により、画面入力可否制御1（04_項目チェック（＜画面入力可否制御1＞））を行う。	PCL_050 初期値：NULL 送信項目 PCL_051
17	登記日（日）	登記日（日）を入力・表示する。 種別コードの値により、画面入力可否制御1（04_項目チェック（＜画面入力可否制御1＞））を行う。	PCL_052 初期値：NULL 送信項目 PCL_053
18	通知事由	通知事由を選択・表示する。 01, 03, 04, 05, 06	PCL_054 初期値：01 プルダウン値：02_画面処理　参照 送信項目 PCL_055
19	送信	ホスト問合せ処理2（02_画面処理）を行う。 ホスト応答処理結果が正常の場合は、GUI活性・非活性制御（03_制御_補足説明）を行い、あわせて入力項目を全て初期表示（画面レイアウト参照）に設定する。	PCL_056
20	確認	入力チェック、ホスト問合せ処理（補足説明項番2参照）を行う。 ホスト応答処理結果が正常の場合は、GUI活性・非活性制御（03_制御_補足説明）を行う。	
21	クリア	入力項目を全て初期表示（画面レイアウト参照）に設定する。	PCL_057
22	閉じる	自ウインドウを閉じる。	PCL_058
23	戻る	確認ボタン押下後、ホスト応答処理結果が正常の場合に戻るボタンが押された場合は、GUI活性・非活性制御（03_制御_補足説明）を行う。 上記以外の場合は、画面番号0900.増減益等情報（株式）処理選択に遷移し、画面番号0900には当画面の入力情報を表示する。	PCL_059 PCL_060 PCL_061　三种情况的返回，所以需要三个PCL点

图 B-10 "2.項目チェックの説明"中 PCL_052～PCL_061 的说明

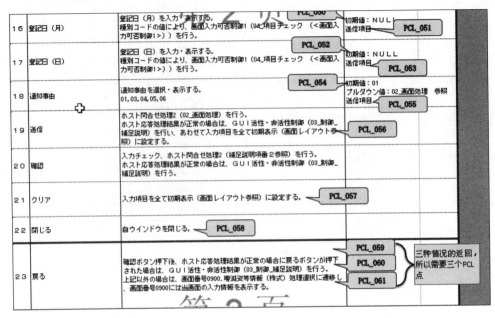

图 B-11 MCL 实例

04_項目チェック

0910.増減資等情報（会社）区分－新規の場合は以下を参照ください。

＜画面入力可否制御1＞

入力項目名	増減資等の種別コードが「96:会社分割（分割会社－対等）」の場合	増減式設
コード	○	
確定日	○	
種別コード	○	
訂正・取消・問合せ区分	×	
比率等（旧）	○	
比率等（新）	○	
効力発生日	×	
配分コード	×	
登記日	×	
通知事由	○	

「○」必須入力　「△」任意入力　「×」入力不可

04_項目チェック

0910.増減資等情報（会社）区分－新規の場合は以下を参照ください。

＜画面入力可否制御1＞

入力項目名	増減資等の種別コードが「96:会社分割（分割会社－対等）」の場合	増減式設
コード	○	
確定日	○	
種別コード	○	
訂正・取消・問合せ区分	×	
比率等（旧）	○	
比率等（新）	○	
効力発生日	×	
配分コード	×	
登記日	×	
通知事由	○	

「○」必須入力　「△」任意入力　「×」入力不可

图 B-12　几个有代表性点的 MCL

入出力画面			面面名称 マスタ管理業務					
項番	項目名	フィールド名	GUI	I/O	文字種	バイト数 最小	最大	必須
＜ヘッダ部＞								
1	処理日時	lblSyoriDate	—	○	X	—	17	—	サ
2	コード	txtMeigaraCD	テキスト	I/O	9	—	9	◎	コ

图 B-13　几个有代表性点的 MCL

	機能ID	
MCL ID	0 0 0 0 0 0 0 0 1 2 3 4	
チェック条件／確認内容		
増減資等の種別コード		
「96:会社分割(分割会社－対等)」の場合	○ ○ ○ ○	
コード		
必須入力チェック		
NOT NULLの場合	○	
NULLの場合	○	
入力文字チェック		
半角の数字の場合		
上記以外の場合	○	
入力桁数チェック		
最大桁(9)の場合	○	
上記以外の場合	○	
コードに関するエラーメッセージを表示しない。	○	
エラーメッセージをポップアップする		
メッセージコード:C400	○	
メッセージコード:C401	○ ○	
エラーとなったフィールドの背景色を赤反転		
コード	○ ○ ○	
カーソルをエラー項目に位置		
コード	○ ○ ○	
確認内容	種別	E E E N
	確認日 机上	
備考	マシン	

图 B-14　用于检查程序是否编写正确的 MCL

参 考 文 献

［1］ 任永昌.软件工程(21世纪高等学校规划教材)［M］.北京：清华大学出版社,2012.

［2］ 覃征,徐文华,韩毅.软件项目管理(第2版)(重点大学软件工程规划系列教材)［M］.北京：清华大学出版社,2009.

［3］ 潘凯华,李慧,刘欣.MySQL快速入门［M］.北京：清华大学出版社,2012.

［4］ 崔洋,贺亚茹.MySQL数据库应用从入门到精通［M］.北京：中国铁道出版社,2013.

［5］ 郑娅峰,张永强.网页设计与开发——HTML、CSS、JavaScript实例教程(第2版)［M］.北京：清华大学出版社,2011.

［6］ (美)Jon Duckett著,王德才,吴明飞,姜少猛译.HTML、XHTML、CSS与JavaScript入门经典［M］.北京：中国铁道出版社,2011.

［7］ 王永贵,郭伟等.Java高级框架应用开发案例教程——Struts2＋Spring＋Hibernate［M］.北京：清华大学出版社,2012.

［8］ 陈臣,王斌等.研磨Struts2［M］.北京：清华大学出版社,2011.

［9］ 杨少波等.J2EE项目实训Hibernate框架技术(21世纪高等学校实用软件工程教育规划教材)［M］.北京：清华大学出版社,2008.

［10］ 杜聚宾.搞定J2EE：Struts＋Spring＋Hibernate整合详解与典型案例［M］.北京：电子工业出版社,2012.